웅가가 알려주는
5분 와인

| 정휘웅·정하봉·홍수경 저 |

목차

웅가가 알려주는
5분 와인

| 정휘웅·정하봉·홍수경 저 |

J & jj
제이 앤 제이제이

웅가가 알려주는 5분 와인

| 만든 사람들 |

기획 인문·예술기획부 | 진행 양종엽·박성호 | 집필 정휘웅·정하봉·홍수경 |
편집·표지디자인 원은영

| 책 내용 문의 |

도서 내용에 대해 궁금한 사항이 있으시면
저자의 홈페이지나 J&jj 홈페이지의 게시판을 통해서 해결하실 수 있습니다.
제이앤제이제이 홈페이지 www.jnjj.co.kr
디지털북스 페이스북 www.facebook.com/ithinkbook
디지털북스 카페 cafe.naver.com/digitalbooks1999
디지털북스 이메일 digital@digitalbooks.co.kr
저자 이메일 hwjeong101@naver.com
저자 브런치 brunch.co.kr/@brunch6of

| 각종 문의 |

영업관련 digital1999@naver.com
기획관련 digital@digitalbooks.co.kr
전화번호 (02) 447-3157~8

프롤로그

우리 주변에서 와인은 상당히 친숙한 술이 되었습니다. 티브이 드라마나 예능 프로에서도 쉽게 볼 수 있습니다. 그러나 일반 술 소비자와 와인 사이에는 보이지 않는 벽이 있는 것도 사실입니다. 한국 술 시장 내에서 와인은 금액 기준 4%, 물량 기준 1%에 지나지 않습니다. 정말로 작은 부분을 차지하고 있지만, 와인이 갖고 있는 의미는 상당히 큽니다. 2018년에는 전년 대비 14% 정도의 물량 증가를 보여주었고 2019년도 큰 폭으로 증가하고 있습니다. 4,900원짜리 와인이 마트에 나와서 짧은 기간에 84만 병이나 팔리는 기록도 세웠습니다. 와인이 과거에는 어려운 술이라 했다면 이제는 소비자들이 서서히 쉽게 접근할 수 있는 세계로 들어오고 있습니다.

와인을 마시는 사람은 제 멋을 부린다고 생각했던 일각의 시선들도 최근에는 많이 바뀌어가고 있습니다. 와인은 소주와 맥주처럼 술의 한 종류이고, 누구나 쉽게 즐길 수 있습니다. 다만 아직까지 많은 이들에게 각인된 와인의 이미지는 분위기 있는 날 마시는 것, 혹은 남자끼리 마시기 보다는 남녀가 함께 마시는 것 등 여전히 약간의 선입관은 남아 있습니다. 그렇지만 와인의 저변이 확대되어 가는 시점에서 이 책은 여러분들에게 와인과 관련되어 자잘하게 느껴지지만 중요한 정보들을 제공합니다. 이 책의 글 내용은 누구나 이동 중에 5분 정도 짧게 시간을 내어 읽을 수 있는 형태로 가볍게 구성되었습니다. 저자인 제가 생각하는 와인 즐기는 방법 역시 어렵지 않기 때문입니다.

이 책은 누구나 가볍게 볼 수 있도록 구성했습니다. 와인 지역에 대한 설명보다는 와인을 즐길 때 어떤 부분을 눈여겨보아야 하고 어떤 것을 신경 써야 하는지, 그리고 즐기는 새로운 방법들에 대하여 설명하였습니다. 가급적 전문적인 말을 배제하고 최대한 쉬운 말로 쓰기 위해 노력했습니다. 와인도 전문적인 분야로 들어가면 한없이 어려워지고, 알아야 할 것도 많습니다. 이 책에서 설명하는 내용보다 훨씬 전문적인 책은 세상에 많이 있습니다. 이 책은 이런 전문적인 내용 이전에 우리가 당연하다고 생각했지만 지나쳤던 부분들, 와인을 즐길 때 세세히 작은 부분들 중에서 잊고 있었던 것, 지나쳐버려 무시해 왔던 사항들을 이야기 합니다. 이를 통해서 소비자들이 와인에 대한 선입관을 내려놓고 보다 편안하게 와인을 즐길 수 있는 방법을 제시합니다.

책의 마지막에는 200개 가량의 와인 수입사별 와인 추천 및 가이드와 함께 구매할 수 있는 경로에 대한 정보도 함께 기입했습니다. 단지 책에서만 보는 와인이 아니라 실제로 맛보거나 구매할 수 있도록 지역이나 품종별 구분이 아닌 수입사별 구분을 하여 쉽게 연락하고 수입사로부터 와인 관련 정보를 얻을 수 있도록 구성했습니다. 살 수 없는 와인은 그냥 책으로 읽는 것에 머물 수밖에 없으니 말이지요.

이 책이 나오기까지 많은 분들이 도움을 주셨습니다. 공저자인 정하봉 소믈리에님, 기꺼이 와인 서빙 포즈 관련 촬영 및 책 내용에 도움을 주신 홍수경님께 깊은 감사를 드립니다. 그리고 본 책의 와인 관련 사진을 적극적으로 제공해주고 관련 자료를 보내주신 금양인터내셔날, 나라셀라, 레뱅, 롯데주류, 마이와인즈, 몬도 델 비노, 문도비노, 빈티지 코리아, 샤프트레이딩, 신세계엘앤비, 아이수마, 와인투유코리아, 하이트진로의 담당자분들에게 깊은 감사를 드립니다. 특히 와인 관련 자료를 검색하고 자료를 제공하는데 도움을 주신 신세계엘앤비 김설아 부장님, 롯데백화점 박화선님, 몬도 델 비노 박성수 대표님, 하이트진로 오동환님, 금양인터내셔날 정원남 과장님, 레뱅 유지찬 대표님, 김화란 팀장님, 롯데주류 진백서님께 깊은 감사의 뜻을 전합니다. 아울러 알라또레에서 피자 메뉴 선정 및 촬영하는데 도움을 주신 임문정 실장님, 와인 테이스팅 관련하여 도움을 주신 빈티지 코리아 박명진 대표님, 와인투유코리아 이인균 대표님, 샤프트레이딩 조필수 이사님, 금양인터내셔날 조상덕 대표님, 와인 추천을 적극적으로 도와주신 나라셀라 신성호 이사님께도 감사의 뜻을 전합니다. 내추럴 와인 관련 정보 정리에 도움을 주신 뱅베 김은성 대표님, 마이와인즈 신지원 대표님께도 감사의 뜻을 전합니다.

2024년 겨울
대표저자 정휘웅
공동저자 정하봉, 홍수경

1.

간단하게 이해하는
와인

와인은 공부를 해야 하나요?
종류가 너무 많아요

1990년대만 해도 와인을 구경하려면 백화점을 가야 했습니다. 2000년대 들어서는 마트에 가면 한 쪽을 즐비하게 채우고 있는 와인을 볼 수 있었고 그이후에는 편의점 등에서도 와인을 살 수 있게 되었습니다. 그런데, 와인을 공부해야 할까요? 꼭 그렇지는 않습니다. 외국 사람들도 와인에 관심을 가지거나 공부를 해서 마시는 경우는 그렇게 많지 않습니다. 프랑스 사람이라고 꼭 와인에 대한 해박한 지식을 갖고 있지도 않습니다. 캘리포니아 실리콘밸리 은행이 연간 보고서로 발표하는 시장 리포트에 따르면, 세계 최대 와인 소비국가인 미국에서도 알코올음료 중 와인이 차지하는 비율은 15%밖에 되지 않

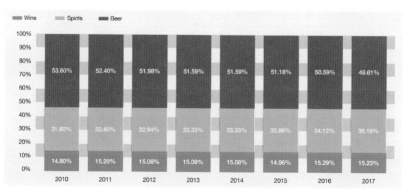

미국 실리콘밸리 은행 2018년 와인시장 보고서에 실린 미국내 주류 소비 트렌드

습니다.

한국은 어떨까요? 2017년 기준 1인당 총 77리터의 알코올 음료를 마신 한국인이 와인은 0.7리터밖에 마시지 않았습니다. 와인이 대중에 많이 알려지기는 했지만 아직까지는 다가가기에 약간 두려워 보이는 부분이 많습니다. 와인에 대한 두려움을 알 수 있는 한 예를 알려드릴게요. 한국에서 유독 잘 안팔리는 것이 독일 와인입니다. 가격도 저렴하고 아주 달콤한 느낌도 많이 나기 때문에 실제로 맛을 본 소비자들은 금방 독일 와인을 좋아하게 됩니다. 그런데 시장에서 잘 팔리지 않는 이유를 여러 수입사나 영업 사원들에게 물어보니 이름이 너무 어렵다는 대답이 돌아왔습니다. 그렇다면 예를 하나 들어볼까요?

읽기 어려운
와인 라벨

'Vereinigte Hospitien Riesling Spatlese Scharzhofberger'. 한 번 따라 읽어보겠습니다. '베르닝테 호스피티엔 리슬링 슈페트레세 샤르츠호프베르거'. 우선 이름부터 어렵습니다. 마트에 가서 쉽게 살 수 있는 '1865'에 비하면 더 어렵지요.

보편적으로 와인은 이름이 어려운 것이 사실입니다. 그렇다면 왜 이렇게 종류가 많을까요? 이것을 다 공부해야 할까요? 와인 이름에서 대부분은 동네나 마을, 지역 이름입니다. 우리나라 강원도, 경북 영동 등과 같지요. 외국 사람들이 우리나라의 평창은 이제 동계 올림픽으로 잘 알게 되었을 것입니다. 그러나 강원도라는 도 이름을 제대로 기억할까요? 상식적으로 생각해 보아도 아마 'Gangwondo'라는 알파벳으로 쓰인 문자를 읽는 것이 매우 힘겨울 것입니다. 반대로 우리가 외국 공항에서 어색하게 불리는 한국인 이름을 들으면 웃음이 나듯이, 우리가 와인의 이름을 볼 때에도 비슷한 기준이 사용됩니다.

와인의 종류가 많은 이유는 생산자가 많고 포도 종류도 다양한데, 이를 각각 섞기도 하고 게다가 연도까지 따라다니기 때문입니다. 마트에 가서 보면 비교적 쉬운 이름의 1865라는 와인 역시 아래에 다른 정보들이 깨알같이 쓰여 있습니다. 가격표 옆을 보면 어떤 것은 '카베르네 소비뇽(Cabernet Sauvignon)' 어떤 것은 '말벡(Malbec)', 또 어떤 것은 '카르미네르(Carmenere)'라고 쓰여 있을 것입니다. 이 포도 이름들을 우리에게 친숙하게 한 번 바꿔볼까요? '거봉'이나 '머루 포도', '청포도'라 하면 어렵지 않을 것입니다. 이름은 복잡하지만 우리가 생각을 조금 바꿔서 보게 되면 더 친숙하게 와인을 대할 수 있습니다.

쉬라즈

말벡

모스카토

몬테풀치아노

소비뇽 블랑

리슬링

시라

카베르네 소비뇽

피노 누아르

거봉 포도는 포도 알이 크고 육질이 많으며 달콤하지요. 머루 포도는 먹어보면 색상이 진하고 맛도 진합니다. 대신 알맹이는 작지요. 그리고 우리가 일반적으로 포도라 부르는 것은 캠벨 포도라고 하는데 이 역시 거봉이나 머루 포도와는 맛이 다릅니다. 이처럼 포도 맛이 다르기 때문에 와인을 만들 때에도 품종을 달리 해서 만드는 경우가 대부분입니다. 다만 종류가 너무 많다는 게 문제지요.

그리고 와인을 보다보면, 같은 와인처럼 보이는데 같은 연도가 아닌 경우도 종종 볼 수 있습니다. 겉으로 보기에는 분명 1865라는 와인인데 아무 생각 없이 그 와인을 가지고 집에 와서 먹으니 지난번과 맛이 다르게 느껴진다면, 당신은 분명 포도 품종의 차이를 아는 사람일 것입니다. 혹은 생산 연도가 다른 것이겠죠. 연도가 중요한 이유는 날씨가 계속 바뀌기 때문입니다. 우리가 생각하는 날씨도 해마다 다르지요. 저의 기억에는 2010년의 겨울이 무척이나 추웠습니다. 3월 중순까지도 눈이 녹지 않았죠. 기록상 가장 더웠던 해는 1994년이지만 2018년 여름도 정말 끔찍하게 더웠습니다. 이럴 때에는 과일의 맛도 다릅니다.

1865 셀렉티드 빈야드 시리즈. 라벨 모양은 다 같지만 품종이 다릅니다.
[사진 제공: 금양인터내셔널]

이것이 낯설게 느껴질 수도 있을 것입니다. 그러나 한국 소비자들의 소주나 맥주에 대한 선호도가 비교적 선명하게 나타나듯이, 와인에 대한 소비자들의 선호도도 서서히 잘 드러나고 있습니다. 와인이라는 것은 공부만 해서도 안되지만, 알고 마신다면 친구들과 좋은 이야기 주제가 될 수 있습니다. 와인 이야기 하나만 가지고도 그 느낌, 와인이 주는 분위기에 따라서 수많은 깊은 이야기를 주고받을 수 있습니다. 꼭 공부를 할 필요는 없지만 간단한 상식 정도는 알아둔 다음에 점차로 알아가는 묘미를 즐기는 것이 좋다는 얘기지요. 마치 스마트폰의 앱 스토어를 돌려보고 쇼핑몰의 여러 상품 카테고리나 패션 아이템을 살펴보듯, 와인도 그렇게 알아가다 보면 어느덧 친숙하게 다가올 것입니다. 길을 걷다 주변을 보면 세상에 똑같은 옷을 입은 사람은 거의 없지만 유니폼(교복, 군인, 승무원 등)을 입은 사람도 있듯 와인의 세계도 이와 비슷합니다. 우리네 사는 세상이나, 와인이나 비슷하니 다양한 와인을 하나하나 찾아가는 재미에 빠져보는 게 어떨까요?

색깔이 희다고 다 흰 포도는 아니다

와인을 가장 기본적으로 구분하는 방법은 색상입니다. 붉은색과 노란색 계열의 투명한 색입니다. 기본적으로 와인은 투명한 편에 속합니다. 잔에 빛을 비추어 보면 반대쪽에 와인의 색깔이 드러나지요. 그런데 가만히 보면 우리가 알고 있는 색상도 조금씩 차이가 납니다. 보라색이 더 많이 도는 경우가 있고, 붉은색이 도는 경우도 있으며, 아주 노란빛이 돌기도 하지만 거의 색상이 없는 경우도 있습니다. 어떨 때는 잔 반대쪽이 투명하게 보이기도 하지만, 어떤 경우는 아예 안 보이는 경우도 있죠. 이렇게 와인의 색상이 달라 보이기는 하지만 우리가 늘 먹는 포도를 한 번 생각해볼까요? 붉은 포도의 껍질을 까면 흰 과육이 보이지요? 거봉 포도가 대표적입니다.

다양한 와인의 색상

흰색의 와인이 되기 위해서는 두 가지 방법이 있는데 첫 번째는 청포도를 쓰는 것이지요. 화이트 와인을 만들 때에는 대부분 이 방법을 씁니다. 그 다음으로는 즙만 부드럽게 짜는 방법이 있습니다. 커다란 통에 붉은 포도를 넣고 풍선에 공기를 넣으면 서서히 즙이 나오게 됩니다. 색상이 짙은 껍질을 지닌 포도보다는 비교적 옅은 포도를 쓰지요. 이러한 방법을 쓰는 이유는 전 세계적으로 화이트 와인이나 붉은 기운이 약간 도는 로제 와인이 인기를 얻고 있기 때문입니다. 일반적으로 포도의 즙을 짤 때에는 껍질과 같이 짜는데, 이때 껍질과 포도즙이 오래 만나고 있을수록 와인의 색상은 짙어집니다.

이 기계는 서서히 포도를 풍선처럼 눌러서 즙을 짜는 기계입니다. 천천히 짜는 이유는 껍질과의 접촉을 줄이기 위해서입니다.

요즘은 해외에서 로제 와인이 인기를 많이 얻고 있습니다. 맨 왼쪽은 미국 나파 밸리, 가운데는 프랑스, 오른쪽은 그리스의 와인입니다.

한국 시장에서는 화이트 와인이 전체 와인 시장에서 약 15% 정도만을 차지하는 반면 이탈리아의 경우에는 50% 가량을 차지하고 있습니다. 우리나라도 해마다 큰 수준은 아니지만 조금씩 화이트 와인의 소비가 늘어나고 있는 중입니다. 화이트 와인이 외국뿐 아니라 우리나라에서도 인기를 끌고 있지만, 전세계적으로 보았을 때에 아직은 레드 와인이 주를 이루고 있는 것이 사실입니다. 그러나 앞서 설명한 바와 같이 포도원들이 새로운 시도를 해서 요즘은 매우 다양한 특성의 와인들이 나오고 있습니다. 이러한 스타일의 와인들은 불과 10~20년 전만 해도 존재하지 않았는데, 예외가 하나 있습니다.

바로 누구나 알고 있는 샴페인입니다. 고급 와인의 대명사이자 기포가 보글보글 올라오는 와인이지요. 이 와인에 쓸 수 있는 포도는 샤르도네(Chardonnay)라는 흰 포도와 함께 피노 누아르(Pinot Noir), 피노 뫼니에(Pinot Meunier)라는 붉은 포도입니다. 그런데 샴페인에는 레드가 없습니다. 로제라 하여 약간 분홍빛이 도는 정도가 있을 뿐이지요. 그렇다면 어떤 포도로 만들어졌는지는 어떻게 알아볼 수 있을까요? 샤르도네만 들어간 와인은 아래에 블랑 드 블랑(Blanc de Blanc)이라고 쓰여 있습니다. 만약 붉은 포도로 만들었다면 블랑 드 누아르(Blanc de Noir)라고 쓰여 있습니다. 만약 세 품종을 모두 다 쓰거나 두 가지를 넣는 경우에는 이 명칭을 기재하지 않습니다. 일반적으로 블랑 드 누아르라 하면 피노 누아르라는 포도를 씁니다만, 포도원들은 제각각의 양조 기법이 따로 있기에 무조건 이렇다고 생각하는 것은 위험합니다. 피노 뫼니에라는 포도를 100% 쓰는 경우도 많이 있거든요.

두 번째 사진에서 보듯 '피노 누아르(Pinot Noir)'를 기재했다면 블랑 드 누아르라 할 수 있습니다. 그 이외에도 참고로 살펴볼 것이 하나 있습니다. 단맛이 나는 경우에는 드미섹(Demi Sec), 매우 달면 섹(Sec, 요즘은 많지 않습니다.), 달지 않고 약간의 단맛이 있으면 브륏(Brut), 단맛이 없으면 엑스트라 브륏(Extra Brut)라고 표현합니다. 참고로 브륏(Brut)는 사람에 따라서 브룻이라고 발음하는 사람도 있습니다만 편리하게 발음 나는 대로 발음하면 됩니다. 발음에 꼭 정답은 없으니 말이죠.

Blanc de Blanc

Blanc de Noir

Rose

Extra Brut

Brut

Demi Sec

이처럼 와인이 희다고 해서 포도까지 모두 다 흰 포도를 쓰는 것은 아니라는 것 아셨을 것입니다. 와인만큼 고정관념이 많이 퍼진 술도 없지만, 그만큼 고정관념을 없애주는 와인도 많이 있다는 것을 책을 통해서 하나씩 알아갔으면 합니다.

기포가 난다고 다 같은 기포는 아니다

혹시 탄산수 만드는 방법, 알고 있나요? 탄산수는 지구 온난화의 주범인 이산화탄소가 들어있는 음료입니다. 물에 녹아 있다가 압력이 낮아지면 물 밖으로 나오게 되고 거품이 생기는 원리지요. 그리고 이 거품이 입안에서는 청량감을 주고, 상대적으로 포만감을 주기 때문에 다이어트에도 좋다고들 합니다. 요즘은 탄산수를 만들어주는 기계들도 많습니다. 이 기계들 역시 탄산수를 만들어주는 고압의 가스통(실린더)이 필요합니다. 그렇다면 포도주에 이 방법을 쓰면 어떻게 될까요? 물론 기포가 주입됩니다. 그러나 탄산수 만드는 기계에 와인을 쓰지는 마세요. 밖으로 터져나올 수도 있고 알코올이 들었기 때문에 물과는 다른 반응이 날 수 있습니다. 그렇다면 기포가 나는 와인은 어떻게 만들까요?

이 역사는 17세기 프랑스로 날아갑니다. 당시 와인은 신의 선물이라 여겼기 때문에 주로 수도사들이 연구했습니다. 지금 프랑스의 섬세한 지역 구분 역시 수도사들의 오랜 연구가 축적된 것이라 할 수 있습니다. 이중에서도 천재적인 양조자가 있었는데 바로 돔 페리뇽 수사입니다. 그는 보관하던 와인 중 자꾸만 저절로 터지는 병을 보고는 터진 와인의 맛을 보았다고 합니다. 의외로 그 훌륭한 맛을 경험하고는 감탄하여 수십 년의 연구 끝에 기포가 들어가도 깨어지지 않는 병, 병뚜껑을 잡아주는 방법, 그리고 기포가 안에 들어가고도 맑은 모양을 내도록 하는 방법을 고안하게 되었다고 합니다.

지금처럼 탄산가스를 넣는 것도 아니고 어떻게 와인 속에서 기포가 나게 만들 수 있을까요? 답은 와인을 만들 때 발생하는 가스에 있습니다. 간단하게 막걸리 생각을 해볼까요? 막걸리 통을 흔들면 어떻게 되나요? 기포가 나면서 마치 콜라병 터지듯 합니다. 이유는 아직 발효가 진행되고 있어서인데, 바로 발효를 일으키는 누룩(효모)에 답이 있습니다. 누룩은 쌀에 있는 단맛을 먹고 알코올과 이산화탄소를 배출합니다. 알코올은 당연히 막걸리에 녹아들지만 이산화탄소는 기체이니 밖으로 나오게 되는 거죠. 그러나 바깥으로 더 나올 곳이 없으면 이 기포는 다시 물에 녹아듭니다. 그래서 막걸리를 마시면 약간 발포 느낌이 나면서 시원한 느낌을 주게 됩니다.

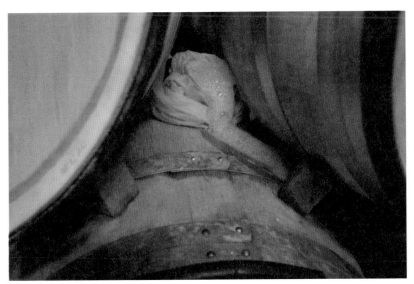

막걸리처럼 와인도 발효 과정을 거치며 이렇게 거품이 피어오릅니다.

팩에 든 막걸리를 먹어본 적 있나요? 팩의 막걸리는 뭔가 모르게 밍밍한 느낌을 주는데 이는 발효가 끝나서 더 이상 이산화탄소를 만들어내는 누룩이 없기 때문입니다. 샴페인은 이러한 것을 여러 과정을 통해 기포가 나게 도와주고, 오랫동안 보관할 수 있도록 만든 술입니다. 와인의 최대 적은 공기인데, 공기에 접촉하면 급격하게 산화가 일어나기 때문입니다. 그러나 샴페인은 이산화탄소가 가득 차 있으니 더 오래 보관할 수도 있습니다. 그러나 이렇게 만들려면 과정도 복잡하고 시간도 매우 오래(여러 해) 걸리기 때문에 가격이 높아지는 단점이 있습니다. 그래서 원래는 귀족들이나 마실 수 있는 매우 귀한 술이었습니다.

이러던 중 19세기 말에 커다란 통에서 발효를 하는 방법이 개발되었습니다. 샤르맛(charmat)이라는 방법인데, 간단하게 설명해서 매우 커다란 막걸리 발효통을 밀봉한 것이라 생각하면 됩니다. 이 안에서 한번에 발효되므로 아주 강한 압력을 견디는 통이 필요하지만, 상대적으로 저렴하게 생산할 수 있습니다. 이때부터 기포가 나는 와인, 통칭 스파클링이라고 부르는 와인이 대중적으로 보급되기 시작했습니다. 오늘날 나오는 1~3만 원 사이의 기포가 나는 와인은 이 방법을 쓰는 경우가 대부분이라 할 수 있습니다. 반면 샴페인은 이러한 방법을 쓰는 것이 금지되어 있기 때문에 샴페인은 무조건 복잡한 과정을 거친 와인이라 생각하면 됩니다. 기포가 난다고 해도 가격이 다른 이유는 이렇게 생산 방법이 다르고 그만큼 맛의 차이가 나기 때문입니다.

달다고 다 단 것이 아니다

우리가 지금처럼 설탕을 마음껏 먹게 된 것도 오래 되지는 않았습니다. 단맛을 느끼는 것은 어려운 일이었는데, 일본의 경우에는 화과자를 만들기 위해서 천연 당분을 뽑아내는 방법을 계속 고안하기도 했었죠. 단맛은 사탕수수나 사탕무를 가공하면서 보급되기 시작했으나 여전히 일반 사람들이 단맛을 경험하기 위해서는 많은 노력이 필요했습니다. 특히 포도주에서 단맛을 만들어내는 것은 또 하나의 어려운 과제였습니다. 어쩌면 그냥 설탕을 넣으면 된다고 생각할 수 있겠습니다. 그러나 원칙적으로 와인에는 설탕을 넣을 수 없습니다. 제조 공정에 제한된 분량만큼의 설탕을 넣을 수 있는 경우도 있지만 이것도 온전히 양조과정을 위한 것이며 단맛을 내기 위해서 인위적으로 설탕을 넣는 것은 금지되어 있습니다. 이 과정을 전문 용어로는 보당(당을 보충하는) 과정이라고 이야기합니다. 참고로 우리나라에서 만들어지는 와인의 경우 기본적인 알코올을 만들기에 충분한 당도가 나오지 않기 때문에 보당이 허용됩니다.

그렇다면 어떻게 포도를 달게 만들 수 있을까요? 거꾸로 생각하면 문제가 수월해집니다. 설탕 한 스푼에 물을 한 컵 넣으면 그렇게 달지 않게 느껴질 것입니다. 그러나 컵에 설탕 한 스푼을 넣고 물을 조금만 넣으면 매우 달게 느껴지겠죠. 이처럼 설탕의 양을 늘리기보다 수분을 최소화시키는 방법으로 만드는 것이 와인을 달게 만드는 방법입니다. 일단은 태양이 매우 뜨거워야겠죠. 한국과는 비교가 되지 않을 정도로 이글거리는 태양 아래에서 포도가 자라면 매우 달아집니다. 그러나 이것만으로 와인을 달게 만드는데에는 한계가 있습니다. 특히 흰 포도 품종의 경우에는 더욱 그렇습니다. 여기에서 몇 가지 방법을 씁니다.

*늦게 수확하기: 감은 늦게 딸수록 달아집니다. 우리나라 과일도 늦게 수확하는 경우 더 달아집니다. 단 조건이 있지요. 비가 오지 않아야 합니다. 바짝 마른 포도나무는 언제나 물을 찾아가기 때문에 비가 내리면 순식간에 물을 빨아들입니다. 장마철 수박이 물을 흠뻑 머금어 단맛이 상대적으로 떨어지는 것과 마찬가지입니다. 늦게 수확할수록 포도가 달아질 확률이 높아지지만 비가 오면 허사가 됩니다. 그래서 매우 어려운 과정이라 할 수 있습니다. 건조한 곳에서 정성껏 만들고 포도주 병에도 '늦게 수확한(late harvest)'라고 써 둡니다. 통상 8~9월이 수확기인데, 이런 포도들은 10월 말에서 11월 초에 수확합니다.

*말리기: 다시 감 이야기를 해보죠. 감의 껍질을 까고 서까래에 넣어 말리면 곶감이 됩니다. 곶감은 그냥 감보다 훨씬 달게 느껴지죠. 포도도 동일한 방법으로 만드는 경우가 있습니다. 이렇게 되면 매우 달거나 혹은 알코올이 높은 와인이 만들어집니다.

*적당히 곰팡이에 노출하기: 좀 어려운 말이지만, 곰팡이에 적당히 노출되면 포도는 쪼그라들게 됩니다. 좋은 곰팡이균은 수분을 적절하게 증발시키고 포도에 아주 세련된 맛을 선사하기까지 합니다. 이를 우리는 귀부와인이라고 부르는데, 말라비틀어진 포도 알갱이에서 좋은 것만 골라서 양조한다면 매우 비싸겠지요.

헝가리의 토카이 와인은 익은 포도가 아니라 말라 비틀어진 것을 사람이 일일이 수확합니다. 매일 저렇게 포도가 마르기 때문에 수확기에는 매일 작업이 진행됩니다.

* 겨울에 수확하기: 겨울이 되면 포도는 극단적으로 얼어붙습니다. 경우에 따라서 포도를 겨울에 수확하는 경우가 있는데 이 역시 낮의 포도는 물을 머금어 달지 않게 됩니다. 그래서 매우 추운 겨울 새벽 3~4시에 트렉터를 몰고 포도를 수확합니다. 물론 정말로 어려운 작업이지요. 얼린 포도를 짜서 포도주를 만들어낸다니, 얼마나 어렵고 힘든 작업일지는 상상이 갈 것이라 봅니다.

이런 여러 가지 방법을 써서 포도주를 달게 만듭니다. 그래서 단 와인은 일반적으로 양도 적고, 가격 또한 비쌉니다. 가장 유명한 와인은 프랑스 제1의 항구도시 보르도 근처에서 만들어지는 소테른이라는 와인입니다. 그러나 실은 헝가리의 토카이라는 마을에서 만드는 와인이 훨씬 더 역사적으로 가치가 있습니다. 오스트리아 헝가리 제국이 옛 유럽의 맹주였을 때 이 와인 역시 엄청난 명성을 얻었었지요. 민주화가 된 후 다시 와인 생산이 천천히 복구되고 있고, 전통적으로 와인을 만들고자 하는 노력도 지속되고 있습니다.

헝가리 토카이 지역의 포도원 샤토 데레스즐라(Chatea Dereszla) 지하 저장고. 토카이 와인은 생산이 되면 이처럼 오래된 동굴에서 숙성합니다. 고급으로 만드는 경우에는 20년 씩 숙성하고 시장에 출시되기도 합니다.

5

연도가 중요한 것이 아니다

퀴즈를 하나 내어보겠습니다. 프랑스 와인 라벨에 필수적으로 써야하는 항목이 아닌 것은 무엇일까요?

1. 생산자의 이름

2. 생산지 명칭

3. 알코올 도수

4. 생산 연도

대충 짐작하셨겠지만 생산 연도는 반드시 기재할 필요가 없습니다. 연도는 마케팅의 산물이라고 해도 과언이 아닐 정도입니다. 물론 좋은 연도에 나온 와인은 맛이 훨씬 좋습니다. 그렇지만 연도가 와인의 모든 것을 설명하는 시기는 고급 와인인 경우에 국한되어가고 있습니다.

포도주를 어떻게 만들까요? 만약 우리가 포도주를 만드는 마을 주민이라고 생각하고 가정해보겠습니다. 옆집의 아저씨가 포도를 재배합니다. 어릴 때부터 알았고 동네 어른이라 친하게 지냅니다. 아저씨는 포도를 재배해서 그냥 장터에 나가서 팝니다. 그런데 그 아저씨가 재배하는 포도가 매우 단단하고 달고 맛이 좋다고 생각해보겠습니다. 그러면 포도주를 만드는 내가 직접 포도를 재배하는 것이 좋을까요? 그 분의 포도를 사는 것이 좋을까요? 내가 포도밭을 경작하는 기술이 없다면 오히려 잘 재배하는 사람의 것을 사오는 것도 좋은 방법이 되겠지요.

이 경우에 나는 해마다 사들이는 포도가 동일한 맛이 나도록 하는 것에 집중할 것입니다. 이유는 간단합니다. 올해는 맛이 엄청나게 좋았다가 그 다음해에 맛이 엉망이 된다면 소비자들이 내 포도주를 사서 마실까요? 계속해서 맛이 좋아진다면 모르겠지만 꼭 그럴 것이라는 보장은 없습니다. 그래서 요즘은 포도원들이, 특히 비싸지 않은 와인을 만드는 곳에서는 최대한 포도주의 품질을 일정하게 유지하기 위해 많은 노력을 기울입니다. 그래서 연구실에서 여러 포도 생산자들이 만든 포도를 이리 섞어보고 저리 섞어보고 이렇게 발효도 해보고 해서 실험을 합니다.

이렇게 그냥 받은 포도를 즙만 짜서 만드는 시기는 이미 많이 지났고, 생산자들은 자신들의 방법으로 와인의 개성을 나타내기 위해 과학적인 방법을 많이 동원합니다. 발효를 도와주는 여러 첨가물들도 포함이 되지요. 그렇기 때문에 요즘은 이러한 연도 구분이 점차로 퇴색되고 있습니다. 심지어 뉴질랜드나 호주의 경우 기후가 매우 일정하기 때문에 포도원들과 만나서 이야기하면 이렇게 답합니다. "우리 와인이 언제가 가장 좋은 연도였냐고요? 재작년에는 매우 좋았고, 작년도 좋았으며 올해 것도 아주 훌륭합니다. 제가 보장하건대 내년도 이렇게 멋진 와인이 나올 거예요."라고 합니다.

다만 몇몇 고급 와인에 있어서는 연도가 중요한 역할을 합니다. 특히 프랑스와 이탈리아, 독일과 같이 기후가 춥고 어려운 나라들, 또한 특수한 기후 조건을 요구로 하는 와인들(귀부와인*)은 연도에 따라서 품질에 많은 차이가 납니다. 이 연도는 고급 와인의 경우 거래 가격에 결정적인 역할을 하며, 품질에

---

* 귀부와인은 포도가 익는 시기에 아침은 서늘하고 습도가 높아 이슬이 맺혀야 하며, 낮에는 온도가 높아 곰팡이들을 날려줄 정도로 포도를 건조시켜주어야 합니다. 당연히 까다로운 입지조건이 필요하고 잘못하면 포도에 완전히 곰팡이가 생겨서 와인을 망칠 수도 있습니다. 그래서 귀하고 비싸며, 연도에 따라 품질도 차이가 많이 납니다.

따라서 배 가까이 가격이 차이나기도 합니다. 그렇지만 대부분의 와인은 생산 연도를 많이 따지지 않습니다. 일반적으로 미국, 남반구(칠레, 호주, 뉴질랜드) 쪽에서 생산되는 와인은 비교적 기후가 좋아서 북반구에 비해서 연도에 따른 품질 차이가 크게 나타나지는 않습니다.

와인의 품질에 영향을 크게 주는 것은 일조량과 강수량입니다. 일조량은 너무 뜨거워도 안 되겠지요. 2019년만큼이나 기록적인 더위가 왔던 2003년 유럽산 와인은 매우 진한 맛을 보여주고 있고, 지금 맛을 보면 와인 평가자 입장에서 균형감이 일정 부분 무너진 느낌을 주는 경우가 많습니다. 사람도 더위를 먹듯 와인도 더위를 먹습니다. 강수량의 경우에는 수확기 강수량이 중요합니다. 장마철 수박이 한여름 수박보다 싱겁듯이, 건조한 환경에서 자라 바짝 마른 포도나무가 비를 맞으면 물을 열심히 빨아들여 싱거워지겠지요. 그래서 수확기에는 비가 오지 않는 것이 중요합니다.

이처럼 기후가 품질에 영향을 주는 경우 양조자들은 각 연도별로 일정한 품질을 내기 위해서 여러 양조기법들을 동원합니다. 너무 빨리 익으면 빨리 수확하기도 하며, 수확기에는 하늘에 운명을 맡기게 되지요. 다만 일반적으로 우리가 즐기는 3~4만 원대 이하의 와인은 이러한 연도의 특징을 타기 보다는 양조 과정에서 여러 기법들이 발달하여 큰 차이를 나타내지 않는 경우가 많습니다.

하지만 앞서 말했듯 고가의 와인들은 이러한 기후가 맛에 상당한 영향을 주고, 거래 가격에도 영향을 끼칩니다. 연도에 따른 고가 와인 가격은 생산자가 결정하는 것이 아니라 '엉프리뫼'라는 일종의 선물시장에서 전문가들이 평가하고 그 자리에서 거래 가격이 형성됩니다. 소위 말하면 투자 상품으로서 연도의 가치를 따지는 셈입니다. 영국에 본사를 두고 있는 Liv-EX의 경우 온라인으로 이러한 와인들을 거래하는 사이트로 주가지수와 비슷하게 고급 와인들의 가격을 매기고 거래하는데, 주식과 매우 유사한 형태를 띱니다. 이때에는 당연히 각각 연도의 와인들에 대해 전문가들이 어떻게 평가했는지, 그리고 생산연도의 기후 보고서 등이 중요한 기준으로 자리 잡습니다. 물론 희소가치도 따르겠지요.

결론적으로 우리가 평범하게 고르는 와인의 경우에는 그렇게 연도에 집착하지 않는 것이 좋습니다. 오히려 화이트는 최근의 것으로 사는 것이 더 좋다는 것, 잊지 마세요.

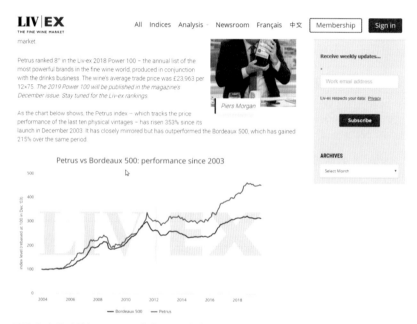

영국에서 운영하는 Liv-EX 사이트. 주식처럼 와인을 거래합니다. 가격이 많이 올라가는 것이 보이지요? 고급 와인은 마신다기보다는 투자하는 것으로 인식됩니다(www.liv-ex.com).

6

잘 따르고 잘 정리하고

소맥을 말아본 적 있나요? 맥주를 무심코 따르다가 맥주는 맨 아래쪽에 조금 남고 위쪽 대부분은 거품으로 남은 경험은 없나요? 맥주는 잔을 기울여서 천천히 따르는데, 맥주 브루잉 마스터들이 따라주는 맥주는 거품의 맛이 고소하고 진합니다. 하지만 우리가 그냥 부어서 마시는 맥주는 왠지 모르게 어색하죠. 그리고 맥주 마니아들은 다 알겠지만, 맥주 브랜드마다 자신들의 맥주에 가장 잘 맞는 잔을 별도로 나누어줍니다. 그리고 그 잔의 구조에 따라 맛은 천차만별이 됩니다. 발포성 와인의 경우에도 잔에 잘못 부어버리게 되면 잔이 넘칩니다. 이처럼 모든 음료는 그만의 따르는 방법이 있습니다. 그렇다면 와인은 어떻게 따르는 것이 좋을까요? 그냥 잔 꼭대기까지 따르는 것이 능사일까요? 지금부터 어떻게 따라야 하는지 살펴보겠습니다. 기준은 750ml, 일반적인 와인 병 크기로 설명하겠습니다.

1. 잘 따르고

* 부어서 7잔이 나오면 성공: 흔히 사람들이 소주잔과 소주 양의 비밀에 대해서 이야기합니다. 친구와 소주잔을 채워서 나누다 보면 꼭 여섯 잔 반이 나옵니다. 나머지 반 잔 때문에 다시 한 병을 주문하게 된다는 것이지요. 그러

나 와인의 경우에는 잔 모양이 천차만별입니다. 잔 하나당 들어가는 와인의 양은 100ml 약간 넘는 수준으로 따르면 적절합니다. 일반적으로 적절하게 따르면 100ml 정도씩, 약 7잔이 나옵니다. 그런데 이렇게 따르면 병에는 50ml가 남지요. 역시 와인도 두 친구가 나누어 100ml씩 마시다보면 마지막 잔은 반 잔만 나옵니다. 희한한 인연 같습니다만, 언제나 술과 잔은 사람이 술을 더 마시게 자극하는 것 같습니다.

　만약 우리나라 식으로 콸콸콸 부어서 잔의 1/2 조금 미치지 못하는 곳까지 따르게 되면 대개 다섯 잔이 나옵니다. 이 경우 벌컥벌컥 마시게 되는데, 와인 맛도 제대로 느끼지 못하며, 향도 느끼기 어렵습니다. 그렇다면 잔의 어디까지 따르는 게 좋을까요? 잔이 옆으로 벌어진 후 다시 좁아지기 시작하는 곳, 바로 가장 넓은 면적이 되는 곳까지 따르는 게 좋습니다. 와인 잔은 산소와 와인이 잘 접촉하도록 설계되어 있는데, 가장 이상적인 위치가 바로 이곳입니다.

가장 넓은 면적이 되는 곳

일반적인 잔의 모양　　　　　　　적절하게 따른 와인

　* 와인은 첨잔을 해도 OK: 우리나라는 빈 잔을 보았을 경우 반드시 상대편이 채워줘야 하는 것을 미덕으로 생각합니다. 그러나 와인의 경우에는 잔에 들어가는 술이 많고, 게다가 마시는 사람의 주량에 대한 본인 의사가 가장 중요한 술입니다. 잔 위에 손가락을 얹으면 이는 마시지 않겠다는 의미입니다. 소믈리에들은 고객들의 잔이 거의 비어간다 싶으면 반드시 와인을 추가로 따라주도록 되어 있습니다. 즉 와인은 언제 첨잔을 해도 전혀 문제가 없습니다. 마시고 싶지 않은데 누군가가 추가로 따라줄 것 같으면 잔에서 가장 높은 입술이 닿는 부분에 손가락을 얹어 거부 의사를 밝히면 됩니다.

와인을 받을 때에는 이처럼 잔 바닥에 손가락을 살짝 얹어주면 예의바른 자세가 됩니다. 만약 필요하지 않으면 잔 위에 손가락을 얹어주세요.

* 콸콸콸 적당히 따르면 다섯 잔(올바르지 않은 경우) : 주로 한국인의 표준량이라 생각하면 됩니다. 잔에 적당히 기분 좋을 정도로 콸콸 따르면 잔의 반 약간 미치지 못하는 곳까지 오는데, 약 5잔이 나옵니다. 사실 이렇게 하면 와인도 많이 마시게 되고 그렇게 좋지 않습니다. 무턱대고 많이 따르면 와인 맛도 제대로 모르겠지요.

과도하게 많이 따른 경우. 과음하게 되며 향도 제대로 느낄 수 없게 됩니다.

　혹시 소주의 향을 맡아본 적이 있나요? 알코올의 냄새는 나지만 그렇게 좋은 것은 아닙니다. 소주의 향기가 달콤하다고 하는 사람은 없습니다. 맥주도 그렇습니다. 맥주에서 향이 나는 경우는 많지 않습니다. 하지만 와인은 향과 맛이 어우러진 술로 향과 맛이 거의 같은 비율로 평가에 반영되며 때로는 향이 더 큰 비중을 차지할 때도 있습니다. 그런데 잔을 가득 채우게 되면 향이 피어나서 채우는 부분이 줄어들어 와인의 제맛을 느끼기 어렵게 됩니다.

　* 스파클링 : 스파클링은 따를 때 주의해야 합니다. 스파클링 잔은 플루트 잔이라고 하는데 처음에 무턱대고 따르게 되면 거품이 넘치기 십상입니다. 맥주잔에 콸콸 따르면 이내 흘러넘치는 것과 비슷합니다. 거품 90%, 맥주 10%의 아주 곤란한 상황이 벌어지지요. 스파클링 와인의 경우에도 마찬가지입니

다. 이때에는 스파클링 와인을 처음에 한 번 가볍게 따라서 거품이 올라온 다음, 가라앉을 때까지 기다리세요. 그 다음에 천천히 따르기 시작하면 원하는 양만큼 따를 수 있습니다. 스파클링은 잔의 높은 부분까지 따라도 큰 문제는 없습니다. 파티에서도 잔 가득히 주는 경우가 많은데, 이는 애초에 플루트 잔에서 향을 느끼기에는 약간 무리가 있고, 들어가는 와인의 양도 많지 않기 때문입니다. 물론 사람이 많은 파티에서는 반 정도 따르기를 권고합니다. 너무 많이 따르면 스파클링의 알코올 때문에 금방 술에 취할 수도 있으니 말이지요.

처음에 너무 많이 붓지 않도록 조심해서 따릅니다. 처음 약간 따른 뒤, 기포가 올라오면 가라앉을 때까지 기다리세요. 그 다음 추가로 따릅니다.

2. 잘 정리하고

와인을 마시고 나면 나만의 기록을 남겨두는 것이 좋습니다. 국가별로 정리를 해도 좋고 라벨을 모아서 그 와인에 대한 기록을 남기는 것입니다. 몰스킨에서 나오는 와인 테이스팅 노트를 구매해도 좋고요, 그냥 엑셀로 정리해도 좋습니다. 일반적으로는 메모장에 남겨두기도 하는데, 온라인에 남기는 방법도 많습니다. 비비노와 같은 앱들은 기록을 남기기에 좋고, 최근에는 와인이십일닷컴의 와인 평가 점수를 남기는 방법도 생겼습니다. 아로마만 체크하면 자동적으로 시음노트를 어느 정도 만들어주니 쓰기가 매우 편하겠지요. 저의 경우에는 워낙 많은 와인을 시음하기 때문에 별도의 엑셀 서식을 만들어서 쓰고 있습니다.

비비노

와인그래프

wine21

웅가의 엑셀 서식

⑦

나라와 지역이 다르면 맛도 다르다

나라와 지역이 다르면 맛도 다르다, 너무나 당연한 말이지요? 우리나라에서 담근 김치와 미국에서 담근 김치는 맛이 다릅니다. 한국의 배추나 무는 아삭거리는 맛과 쌉싸래한 맛이 다른 나라에 비해서 월등하다고 하죠. 혹시 서양배를 맛본 적 있나요? 서양에서는 너무 싱거워서 설탕에 재워서 먹기도 한다고 합니다. 그러나 한국의 배는 매우 아삭거리며 단맛이 나지요. 이처럼 같은 과일이라 하더라도 세부적으로 들어가면 품종이 매우 다양하며, 땅이 다르면 맛도 다릅니다. 우리나라 안에서도 이러한 일은 많습니다. 지구가 온난화되면서 귤의 생산 한계선이 제주도에서 해남까지 올라오거나, 사과의 생산지가 강원도까지 자꾸 올라가는 경우 등을 생각할 수 있습니다. 이 생산지가 달라지면 맛도 묘하게 바뀌는데, 국가 간에 거리가 떨어져 있다면 맛은 정말로 달라지겠지요. 그렇다면 기본적으로 알아야 할 상식들에 대하여 알아보도록 하겠습니다.

* 추운 곳일수록 알코올 도수가 낮고 섬세하다

가장 대표적인 곳이 독일입니다. 독일에서 생산되는 와인은 알코올이 매우 낮습니다. 일반적으로 7.5도 가량에서 출발하고 높아도 11도에서 12도를 넘지 않죠. 리슬링이라는 섬세한 포도 품종을 쓰는 것도 있지만, 이처럼 추운 지역에서 나오는 와인들은 전체적으로 알코올이 낮습니다. 이는 날씨가 찰수록 밤 기온이 많이 내려가고, 일교차가 크고 밤에 차가운 공기가 많이 불수록 포도의 신맛이 살아나기 때문입니다. 반면 낮의 뜨거운 태양은 포도의 단맛을 더해주지요. 매우 고도가 높거나 독일처럼 서늘한 지역은 일교차가 큰데, 그 대신 태양빛을 덜 받기 때문에 알코올을 만들어내기에는 상대적으로 낮은 당도를 유지하게 됩니다. 그래서 이러한 곳에서는 알코올 도수는 낮으나 산도가 좋고 균형이 좋은 와인이 나옵니다. 우리나라에는 일교차가 큰 곳이 어디일까요? 가만히 생각해 보면 강원도 고랭지 등이 있겠지만 아직까지 한국의 와인 생산지에 대해서는 연구가 진행되는 중입니다. 언젠가는 한국에서도 멋진 와인이 나오겠지요? 이미 한둘씩 나오고는 있고요. 1.9 챕터에서 살펴보게 될 예정입니다.

* 더운 곳일수록 알코올 도수가 높고 과실의 풍미가 강하다

태양이 뜨겁다는 것은 얼마만큼 뜨거워야 할까요? 간략하게 설명하자면, 10분만 나가도 자외선에 피부가 벌겋게 타는 정도를 뜻합니다. 포도 산지 중에서 가장 뜨거운 지역을 들자면 호주와 미국의 캘리포니아 나파(샌프란시스코 근교)를 들 수 있습니다. 이곳은 높은 일교차와 함께 매우 뜨거운 태양이 내리쬐기 때문에 기본적으로 14도 정도의 알코올을 품게 됩니다. 요즘 한국의 소주 도수가 16.5도 정도임을 감안한다면 상당히 높은 알코올입니다. 이 지역의 와인은 높은 알코올만큼 와인에서 강인한 맛을 만들어내는 경우가 많습니다. 특히 많이 드러나는 특징은 체리, 블루베리와 같은 아주 뜨거운 태양에서 맛있는 맛을 내는 과실들입니다. 뜨거운 태양은 과실을 더 깊게 익도록 만들어주며, 그중 대표적인 부분들은 체리의 느낌입니다. 양조자들도 소비자들의 취향을 무시할 수 없고, 소비자들의 희망사항을 와인 양조에 반영해야 합니다. 프랑스나 이탈리아의 와인이 신맛을 강조하면서도 점차로 저렴한 와인

에서 미국이나 칠레의 스타일을 지향하는 이유도 소비자들의 맛에 대한 선호도가 바뀌기 때문입니다.

* 양조학이 아무리 발달해도 출신지는 표시가 난다

IT 기술이 발달하여 우리는 초고속 인터넷의 세상에 살고 있습니다. 먼 외국을 방문할 때에도 우리는 인터넷으로 지도를 바로 찾아보고, 현지 맛집을 어렵지 않게 찾아갑니다. 대화를 하려면 번역 어플로 소통합니다. 정말로 편리해진 세상이지요. 와인 역시 마찬가지입니다. 양조학이 발달하면서 와인 맛도 발달하고 있습니다. 와인 전문가들도 속일 정도의 국적이 불분명한 와인들도 많이 등장하고 있습니다. 그러나 명백한 것은 그런 와인들이 등장함에도 불구하고 자신의 생산지를 명확하게 밝히는 와인들은 분명히 있다는 것입니다. 그렇기 때문에 와인을 즐기는 묘미가 존재합니다. 어느 정도 고급 와인으로 넘어오게 되면 보급성보다는 생산지를 나타내기 위하여 포도원들이 무던히 노력하는 와인들이 많이 나타나는데, 체리 향 사이로 허브 향이 나는 경우도 있으며, 민트 향이 나는 경우도 있죠. 혹은 신맛이 중간중간 톡톡 튀는 경우도 있습니다. 이러한 것이 와인의 특성을 설명해주며, 우리가 즐기는 와인들은 각각의 국가간 모습이 나타납니다.

이처럼 같은 포도라 하더라도 와인은 지역에 따라서 다양한 맛을 선사합니다. 와인을 알아가는 재미는 바로 이런 것에 있으며 마트나, 숍, 레스토랑에 갔을 때 이러한 점을 생각하여 늘 새로운 것을 맛본다는 생각으로 접근한다면 매우 즐거운 와인 생활이 될 것입니다.

포도원과 지역을 조금은 알아두면 편한 이유

포도원의 이름도 복잡하고 와인의 이름도 복잡합니다. 지역 구분이나 산지에 대한 이야기도 매우 복잡하지요. 그래서 이 책에서도 어떤 와인을 구매해라, 어떤 지역에 대한 스토리를 알아라, 하는 이야기는 거의 언급하지 않습니다. 현장에서 바로 적용할 수 있는 핵심 팁들을 중심으로 이야기하고 있습니다. 허나 와인의 생산 지역과 포도품종, 생산자에 대해서 일부 알고 있으면 분명 더 좋은 것들이 여럿 있습니다.

옆의 와인 사진을 볼까요? 똑같은 종류의 같은 가격 와인입니다. 화이트와 레드가 골고루 있지요. 이 포도원은 칠레의 코노 수르(Cono Sur)라고 하는, 마트에서 쉽게 접할 수 있는 와인입니다. 여기서 당신의 선택은 무엇인가요? 아마 화이트를 고르는 이도 있고 묵직한 와인을 고르는 이도 있을 것입니다. 그러나 무엇을 선택할지 난감한 경우가 많지요. 저는 주저하지 않고 이 포도원의 와인은 피노 누아르(Pinot Noir)라는 포도로 만든 와인을 주로 선택합니다. 이유는 이 포도원이 가장 공을 들이고 있는 포도 품종이 바로 피노 누아르이기 때문입니다. 포도원이 어느 품종을 잘 만드는지 알아보기 위해서는 제일 비싼 와인을 살펴보는 것이 좋습니다. 코노 수르의 경우 오키오(Ocio)라는 고급 피노 누아르 와인이 있는데 외국에서도 꽤나 호평받고 있습니다. 당연히 이 포도원의 핵심 역량은 피노 누아르에 있겠지요. 간단한 정보지만 선택에 고민거리를 줄여줍니다.

코노수르 비씨클레타의 다섯 종류. 모두 가격도 같고 모양도 비슷합니다. 저는 맨 오른쪽 피노 누아르를 고릅니다.

　　다음의 정보도 볼까요? 뉴질랜드 화이트 와인들입니다. 말보로 담배를 생각하면 좋은데 뉴질랜드의 대표적인 지역인 말보로(Marlborough)입니다. 이 지역은 청정지역일 뿐만 아니라 해양성 기후로 서늘합니다. 덕분에 소비뇽 블랑이라는 아주 반짝거리고 시원하며 신맛이 강한 와인을 만들어 내지요. 여름철 회를 먹는다면 이 지역의 와인과 궁합이 매우 훌륭합니다. 말보로라는 와인 산지를 외우기 전에 말보로 담배를 연상하고 이 지역을 찾아본다면 쉽게 와인을 선택할 수 있겠지요?

똑같은 소비뇽 블랑 포도로 만들었지만 아래에 말보로라고 쓰여 있습니다. 세계적인 소비뇽 블랑 명산지입니다.

칠레의 경우에도 지역을 보고 고르면 도움이 되는 경우가 많습니다. 칠레의 수도 산티아고 근처에는 마이포(Maipo)라는 지역이 있습니다. 이 지역은 역사적으로도 오래 되었지만, 세계에서 가장 많이 알려져 있는 카베르네 소비뇽(Cabernet Sauvignon)이라는 포도를 만드는데 최적의 기후 조건을 갖고 있습니다. 덕분에 이 지역의 카베르네 소비뇽은 다른 지역에 비해 더 집중력 있고 맛있습니다. 마트에 가서 같은 가격의 칠레 와인을 보더라도 이 지역의 이름 아래 카베르네 소비뇽이라고 쓰여 있으면 우선 고르는 것이 좋습니다.

마이포 밸리는 카베르네 소비뇽이라는 포도에 가장 적합한 지역으로 알려져 있습니다. 오른쪽 병의 경우 메를로라고 쓰여 있지만 이 포도원도 마이포 밸리에서 카베르네 소비뇽을 생산합니다.

이처럼 와인이라는 것의 종류가 매우 다양한 것 같아도 약간의 정보를 알고 있다면 와인을 선택할 때 보다 쉽게 고르게 되고, 선택 후 실패할 수 있는 확률이 매우 줄어들게 됩니다. 그렇다면 연도에 대한 정보는 어떨까요? 앞서 언급하기는 하였으나 연도가 중요하지는 않습니다. 아주 고가의 와인이라면 모르겠으나, 칠레, 호주와 같은 남반구 국가, 미국의 캘리포니아 등은 양조학의 발달과 토양, 기후에 대한 분석 기술이 점차 발달하면서 연도의 특성을 잘 타지 않게 되고 있습니다. 그렇기 때문에 와인의 생산연도는 와인이 언제 생산된 것이 맛있는지를 아는 기준으로 알아두는 것이 좋습니다.

그러니 와인을 골라 마실 때 회사에 대한 특징, 지역에 대한 특징 한두 개는 앞서 이야기한 것과 같이 알고 있다면 더욱 쉽게 와인을 고를 수 있을 것입니다.

한국 와인 이야기

아직도 많은 대중이 한국에서 와인이 만들어지냐고 묻고는 합니다. 물론 아직까지 세계적인 와인이 나오지는 않습니다. 그러나 우리나라도 위도상 포도 재배가 가능한 지역으로 현재 영천, 영주, 문경, 사천 등 전국에서 200여 종이 넘는 와인을 생산하고 있습니다. 한국 와인의 주품종은 토착 품종인 캠벨, 머루 포도로 알려진 MBA(Muscat Bailey A) 정도로 알려져 있습니다. 식용으로도 사랑받는 이 품종은, 과실 향이 풍부하고 가벼워서 접근하기 편안합니다. 아직은 재배 가능한 품종이 제한되어 있지만, 농촌진흥청에서 우리나라 토양에 맞는 양조용 품종을 연구하는 등 활발한 시도가 이어지고 있습니다.

실제로 최근 들어서 한국 와인의 품질은 눈에 띄게 좋아졌습니다. 10년 전에 마셨던 한국 와인과 현재 생산되는 와인을 비교해 보면 맛이 확연히 다르지요. 예전에는 달고 인위적인 경향이 있었는데, 지금은 색이나 향 등 많은 면에서 자연스러워졌습니다. 각종 수상 경력과 검증된 비즈니스 모델도 이 사실을 뒷받침해줍니다. 국가대표급 와인으로 부상한 오미로제 스파클링 와인, 대부도 그랑꼬또 '청수', 청와대 만찬주로 사용된 영도 '여포의 꿈', 샤토미소(Chateau Meeso) 등은 이미 그 우수성을 인정받고 있습니다.

이 외에도 좋은 와인을 만들기 위해 다양한 노력이 시도되고 있습니다. 농촌진흥청 차원의 지원은 물론, 해외 와인메이커를 초청해 의견을 듣는가 하면, 해외에서 와인을 공부하고 돌아온 와인메이커들이 와인에 인생을 걸고 있습니다. 한국 와인은 충분히 발전할 가능성이 있고, 또 그래야 합니다. 음식이 발전하면 그에 맞는 음료도 함께 발전해야 하기 때문입니다. 지금까지는 소주가 한국을 대표하는 술이었는데, 이제는 좀 바뀌어야 할 때가 되어간다고 봅니다.

외국인들이 한국을 방문하면 기본적으로 한국에서 꼭 맛봐야 할 음식과 음료를 떠올립니다. 그럴 때 소믈리에로서 추천해줄 수 있는 우수한 한국 와인이 많아진다면 우리나라 관광산업에도 도움이 되겠지요. 실제로 한국 식재료로 만든 음식에는 한국 와인이 잘 맞습니다. 이탈리아 요리에 이탈리아 와인이 좋은 매칭을 이루는 것처럼 말입니다. 더불어 매해 한국 와인을 객관적으로 평가하고, 어떻게 하면 개선될 수 있는지 많은 소믈리에들이 관심을 가지고 지켜보고 있습니다.

아직까지 와인 소비자들의 입장에서는 한국 와인에 대한 시각이 좋지 않은 것이 사실입니다. 그러나 한국의 와인 역사는 이제 막 걸음마 단계에 접어들었고, 어떤 산업이든 자리를 잡으려면 충분한 시간이 필요합니다. 시장에 정착하려면 초기의 소비자 애정은 필수적입니다. 가격만 갖고 한국 와인을 평가하기에는 아직은 좀 이르다는 것이지요. '칠레 와인이 1만 원인데 한국 와인이 2만 원이나 해?' 하는 시선을 갖기보다 잠재된 가능성을 먼저 봤으면 좋겠습니다. 이웃 나라인 중국과 일본만 보더라도, 자국 와인의 소비 시장이 전체의 20퍼센트 정도를 차지하고 있는 반면 한국은 5퍼센트도 채 안 되는 것으로 파악됩니다. 한국 와인이 발전하려면 결국 생산자의 꾸준한 노력과 너그러운 시각을 지닌 소비자의 소비가 함께 어우러져야 할 것입니다.

2.

상황별 와인 맞추기

혼자 마실 와인은 마트에서

　혼밥, 혼술, 1인 가구의 증가는 대표적인 사회 트렌드입니다. 이전에는 직장에서도 반드시 모여서 밥을 먹었지만 요즘은 혼자 즐기는 경우가 많습니다. 이전에는 술을 혼자서 마신다는 것은 상상하기 어려운 개념이었습니다. 알코올 중독자나 혼자서 술을 마신다고 생각했습니다. 특히 소주의 경우에는 말이지요. 그러나 캔맥주가 보편화 되고 알코올의 도수가 낮아지기 시작하면서 술 소비에 대한 스타일도 많은 변화가 일어나고 있습니다.

　실제로 우리나라 전체 술 소비량은 아주 약하게나마 줄어들고 있습니다. 이러한 현상은 한국뿐만 아니라 전 세계적인 추세이기도 한데요, 특히 젊은 층에서는 과음하지 않는 분위기가 확산되고 있습니다. 이전에는 대학교에 입학하면 선배들이 막걸리를 강제로 먹게 해서 여러 불상사가 벌어지기도 했으나 요즘은 이렇게 술을 마시는 분위기는 만들어지지 않고 있습니다. 특히 2~3차까지 가서 밤을 새워 술을 마시던 사회 분위기는 많이 바뀌고, 대신 집에서 술을 즐기는 혼술족이 늘어나고 있습니다.

　혼술족의 첫 번째 친구로는 맥주를 들 수 있겠지요. 1만 원으로도 4~6캔을 살 수 있으니 주머니에도 큰 부담을 주지 않습니다. 전 세계적으로 보았을 때에도 맥주는 비싸지 않은 알코올음료에 해당됩니다. 알코올이 낮고 청량감을 주기에도 제격이지요. 이와 함께 혼술 하기에 좋은 술로써 와인이 부각되고 있습니다. 알코올이 낮고 적절한 단맛과 좋은 향을 주기 때문입니다. 특히 좋은 영화를 혼자 보면서 약간의 안주와 곁들이는 와인이 주는 재미는 대단합니다.

그러나 문제가 있습니다. 다른 술에 비해서 와인은 부피가 큽니다. 기본적인 용량이 750ml나 되는데, 일반 소주 두 병의 분량입니다. 와인은 한 번 열게 되면 레드의 경우 상미기간이 3~4일, 화이트의 경우 1주일가량(냉장고 냉장실 보관인 경우) 유지됩니다만 그 맛의 하락 속도가 꽤나 빠르기 때문에 매일 와인을 마실 것이 아니면 부담이 됩니다. 그러니 집에서 홀로 와인을 마실 것이라면 가급적 저렴한 와인을 고르세요.

저렴한 와인을 쉽게 구할 수 있는 곳이 바로 대형 마트입니다. 편의점도 요즘 가격이 많이 내렸으나 대형 마트의 경우 와인을 대량 매입하기 때문에 좀 더 저렴합니다. 화이트 와인의 경우 1만 원대 미만에서도 많이 찾아볼 수 있습니다. 1만 원대 미만이라 하더라도 소주나 맥주보다는 가격이 비싸지만 와인이 주는 우아한 풍미의 차별점이 분명합니다. 경우에 따라서는 팩와인이라고 하는 종이팩 안에 든 와인도 있는데, 유럽의 소비자들은 이러한 팩와인을 소비하는 경우도 많습니다. 팩와인은 산소와 접촉이 거의 없기 때문에 냉장 보관시 2~3개월까지 맛을 유지합니다. 집에서 한 잔씩 마시기에 이보다 더 좋은 선택은 없겠지요. 이러한 와인들이 다양하게 구비된 것은 일반적으로 대형 마트입니다. 세일도 많고, 2만 원대 이하의 와인을 고르기에는 대형 마트가 가장 좋습니다.

단점은 구색이 상대적으로 단조롭기 때문에(마트에 가면 그렇게 많은 와인도 막상 손을 대려면 가격이 생각보다 나가는 경우들이 많고, 국가별, 품종별, 가격대별로 나누게 되면 선택의 한계가 나타날 수밖에 없습니다.) 선택의 여지가 많지 않다는 점은 감안해야 합니다. 대신 저렴한 와인을 부담가지 않게 집에서 혼자 마실 요령으로 구매하는 것이라면 대형 마트가 가장 좋은 선택지가 될 것입니다.

그렇다면 대형 마트에서 혼술을 위한 와인을 골라볼까요?

1. 가급적 화이트를: 가격이 낮아질수록 레드보다는 화이트의 품질이 더 나을 확률이 높습니다. 전문가적 평가 기준으로 보았을 때도 같은 품질이라 한다면 화이트 와인의 가격이 더 낮은 경우가 많습니다. 실제 해외에서는 화이트가 레드만큼이나 많이 판매되고 있습니다. 한국시장에서는 아직 레드가 70%의 비율을 차지하고 있으나 이 비율이 줄어들고 있으니, 화이트에 도전하는 것도 좋겠지요.

2. 스파클링은 작은 병으로: 스파클링은 한 번 개봉하면 특수한 마개가 없는 이상 기포가 모두 날아가 버리기 때문에 한 번에 다 마셔야만 합니다. 혼자 750ml를 개봉한다면 다 마시기에는 무리일 수 있습니다. 만약 스파클링을 꼭 마시고 싶다면 작은 병(375ml)을 찾아보세요.

3. 세일 폭이 너무 큰 것은 의심: 종종 수입사들이 권장 소비자가격을 결정할 때 높은 가격을 책정하고 폭탄 세일인 것처럼 쓰는 경우가 있습니다. 그러나 절대로 손해보는 장사는 없습니다. 70~80% 세일로 쓰여진 와인보다는 20~30% 세일이라 쓴 와인들이 오히려 정직한 가격을 책정한 와인들입니다. 권장소비자가격은 수입사 자율이며 자체 정책이기 때문에 모든 수입사가 일정한 마진을 포함하지는 않습니다. 혼자 마실 와인인데 70~80% 세일에 현혹되어서 와인을 구매하는 일은 없어야 하겠습니다.

4. 적어도 좋아하는 품종이나 국가는 하나 정도 정해둔다: 혼자 와인을 마시는 경우 맛이나 스타일이 내가 원하는 것과 맞지 않았을 때 와인에 대한

실망감은 꽤 큽니다. 친구들과 와인을 마실 때 마음에 드는 와인이 있다면 품종 이름을 기억해 두세요. 그리고 마트에 가면 똑같아 보이는 와인이라도 잘 보면 품종이 다양한 경우가 많습니다. 이때 내가 원하는 품종을 고른다면 실패 확률이 훨씬 줄어들겠죠.

5. 가격이 싸다고 품질이 나쁜 것은 아니다: 규모의 경제라고 하지요. 품질이 뛰어난 와인을 대량으로 생산하면 가격은 내려갑니다. 품질은 보통인데 생산량이 적으면 가격은 올라갑니다. 시장의 법칙에 따라서 공급량이 많은 와인은 자연스레 가격이 내려갑니다. 칠레 와인이 그렇습니다. 사실 국내에 수입되는 칠레 와인은 칠레 현지에서는 고급에 속하는 경우가 많습니다. 이처럼 국내에서 싸게 팔린다고 하여 꼭 해당 국가에서 저렴한 와인일 것이라는 선입관은 내려두는 게 좋습니다. 판매원에게 저렴한 가격 중에서 물어보고 와인을 선택하는 것도 좋은 방법입니다. 최근에는 5천 원 남짓한 가격에도 좋은 와인이 많습니다.

친구 집 파티에 갈 때 와인 고르기

친구 집에 모이기로 하고 갑니다. 어린 시절에는 장난감을 갖고 가고, 고등학교 때에는 집에 있질 않지요. 그러다가 부모님이 집을 비우기라도 하면 파자마 파티가 시작됩니다. 물론 청소년 때이니 술은 금물입니다. 한동안 20대 초반은 그럭저럭 지나갑니다. 학업도 힘들지요. 그러나 어느덧 사회생활을 하기 시작하면 혼자 사는 친구들끼리 모이는 경우가 서서히 생기기 시작합니다. 홈 파티는 최근 트렌드이기도 합니다. 외식을 즐기기에는 주머니가 가볍고, 그렇다고 혼자 먹자니 외로울 뿐만 아니라 양도 많지요. 냉장고에 넣어두었다가는 음식을 버리기 십상입니다. 어떤 경우든 집에 좋아하는 음식을 갖고 모여서 작은 파티를 하거나 호캉스(호텔＋바캉스)를 즐기러 호텔을 예약한 뒤 친구들과 모여서 파티를 갖기도 합니다. 친구들과 만나서 와인을 마시는 경우라면 고민해야 할 것들이 있습니다.

1. 꼭 와인이어야 하는 이유를 생각한다: 친구 집에 갈 때에는 가장 먼저 와인이 꼭 필요한지를 생각해야 합니다. 맥주만 마시는 경우도 많고, 혹은 술을 전혀 마시지 않는 경우도 있겠죠. 친한 친구 사이라면, 그리고 혹시라도 새로운 친구들을 알게 된다 하더라도 그날 와인을 꼭 마셔야 하는지 한번 생각

해보아야 합니다. 파티를 준비하는 친구가 와인을 사오면 어떨지 묻거나 권고 했다면 당연히 와인을 사들고 가야 하지만, 그냥 맨손으로 가기 어색해서 뭔가 사가야 하나, 하는 마음에 와인을 챙기는 것은 오히려 어색할 수 있습니다. 친구들과 와인을 마시기로 결정했다거나, 요청을 받은 것이 아니라면 전화를 해서 와인을 사갈 건데 어떨지 물어보세요. 오히려 피자와 콜라를 사오라고 할 수도 있기 때문이지요.

2. 사람의 수와 준비 형태를 고려한다: 대개 친구들과 모이면 포트럭으로 모임 준비를 하는 경우가 많습니다. 비용 부담도 덜 수 있고, 누가 딱히 요리를 준비하지 않아도 되기 때문입니다. 만약 친구들이 누구는 술을 준비하고 누구는 음식을 준비하자고 이야기한다면 사전에 예산도 어느 정도 맞아야 하겠지요. 예를 들어 다섯 명이 모일 때, 3명의 친구들이 준비하는 음식이 2~3만 원 대인데 내가 5만 원대 와인을 1병만 사간다면 와인은 한 잔씩만 마실 수 있을 것입니다. 이때에는 아무리 좋은 자리라 하더라도 일단 다섯 명이 마실 수 있는 적절한 분량으로 화이트 1병, 레드 1병 정도, 가격대는 화이트를 좀 낮게 하고 레드를 약간 높게 하면 예산을 맞추기 수월합니다. 혹은 맥주 여섯 캔을 맞추고 1만 원 초반대 와인 두 병을 챙기는 것도 방법이 될 것입니다. 혹은 맥주, 스파클링 1병, 저렴한 레드 한 병을 준비하는 것도 좋습니다. 스파클링은 기본 가격이 15,000원은 넘으니까요.

3. 메뉴가 무엇인지 살짝 확인한다: 친구들이 모인다 하더라도 디저트를 좋아하는 친구들은 단 음식을, 탄수화물을 싫어하는 친구들이 모인다면 주로 회나 야채, 샐러드 중심에 얇은 도우의 피자를 준비하는 경우도 있습니다. 만약 남자들끼리 모인다면 족발, 피자, 보쌈이 주를 이루겠지요. 이처럼 파티의 음식에도 그 종류가 제각각입니다. 일단 와인은 빵처럼 탄수화물 중심의 음

식에는 잘 맞지 않습니다. 따라서 와인을 맞추려면 야채가 많은지, 고기가 많은지, 디저트가 많은지에 따라 분류하는 것이 좋습니다. 좀 더 세부적으로 들어가 볼까요?

* 고기 중심: 단연코 레드입니다. 레드 와인 중에서도 묵직한 스타일을 고르세요. 고기를 먹다 보면 쌈을 싸서 먹거나 마늘을 곁들일 때도 있는데, 레드 와인은 훌륭한 조화를 보여줍니다.

* 회나 생선: 간혹 호사스럽게 파티를 한다면 회를 주문해서 먹는 경우도 많습니다. 이 경우에는 마트나 편의점에서 쉽게 구할 수 있는 소비뇽 블랑(Sauvignon Blanc)이나 샤르도네(Chardonnay) 계열의 와인을 고릅니다. 너무 비싼 것은 말고 1~2만 원 사이의 와인을 골라보세요. 우리나라는 회에 와사비와 여러 자극적인 재료를 곁들이는 경우도 많은데다가 뼈째로 먹고 향이 강한 전어 같은 생선도 많이 먹기 때문에 고가와 저가의 와인 차이를 느낄 수 없는 경우가 많습니다. 그러니 이럴 때에는 저렴한 와인으로 고르는 것이 좋습니다.

* 디저트가 많은 경우: 이럴 때에는 의외로 스파클링 와인을 가져가보세요. 스파클링 와인은 신맛이 상대적으로 덜하고 단맛이 없는 경우가 많습니다. 이때 꼭 기억해야 할 단어가 있는데요, 'Brut(브뤼)'와 'Sec(섹)'이라는 단어입니다. 브뤼는 달지 않다는 뜻입니다. 엑스트라 브뤼라 하면 아예 달지 않다는 뜻입니다. 섹의 경우에는 드미 섹(demi sec)이라고 써 두는데 이는 약간 단맛이 난다는 뜻입니다. 미국이나 칠레의 경우 아예 드라이, 스윗이라고 써서 맛이 단지, 달지 않은지 써둡니다. 디저트의 경우에는 드미 섹이나 브뤼 정도가 잘 맞습니다. 종류로는 이탈리아 프로세코(Prosecco), 스페인의 카바(Cava)가 잘 어울립니다. 물론 예산이 아주 많다면 샴페인으로 가도 되지만 주머니가 가벼워질 각오는 해야 합니다.

* 야채 중심: 야채가 많고 감자나 고구마 등 탄수화물의 비중이 큰 자리라면 화이트 와인과 레드 와인을 함께 가져가는 것이 좋습니다. 가볍게 마실 수 있는 와인을 중심으로 하는 것이 좋으며, 레드 와인은 약간 묵직한 타입, 화이트는 샤르도네 계열의 칠레나 호주 계열이 좋습니다. 유럽에 비해서는 떫은 맛이 덜하고 약간 달콤한 느낌을 주는데, 이것이 야채의 신선한 느낌과 어울리면 좋은 질감을 줍니다. 우리가 샐러드에 뿌려 먹는 드레싱을 생각하면 이해가 쉽겠지요?

4. 비밀병기나 마지막을 노려라: 친구들과 모일 때에는 처음부터 부어라 마셔라 하는 경우가 많습니다. 그래서 와인을 갖고 가도 처음에 좋은 것을 꺼내면 타깃만 되고 좋은 인상을 못 받을 경우도 종종 있습니다. 이럴 때는 375ml짜리, 즉 반 병짜리 와인을 하나 준비해보세요. 그리고 마지막이 되면 이 와인을 꺼내봅니다. 양이 적기 때문에 마무리로 한 모금씩 마시기에는 더할 나위 없이 좋은 자리가 될 것입니다.

웃어른 선물용 와인 고르기

웃어른 집에 찾아갈 때에 와인을 선물하는 것은 꽤나 신경을 쓴다는 시그널을 던져줍니다. 특히나 웃어른이 와인을 좋아한다면 더욱 신경을 써야 합니다. 웃어른 선물로 와인을 산다면 마트보다는 숍이나 백화점을 추천합니다. 포장 문제도 있지만 와인의 이야기 때문입니다. 와인은 그냥 보기에는 붉은, 혹은 흰 알코올음료 같지만 우리가 역사적인 장소에 가서 그냥 보는 것과 그곳의 스토리를 듣고 보는 것이 큰 차이가 나는 것처럼 와인도 스토리를 알게 되면 꽤나 다양한 느낌을 받게 됩니다. 와인에 대한 스토리는 여러 책이 있지만 내가 권장하는 것은 만화책을 보는 것입니다. 대표적인 만화가 〈신의 물방울〉, 〈소믈리에〉, 〈소믈리에르〉, 최근에 출간되는 〈신의 물방울: 마리아주〉 등이 있습니다.(참고로, 〈소믈리에〉 와 〈소믈리에르〉는 제목이 비슷하나 다른 만화입니다. 〈소믈리에〉는 90년대 이야기라서 최근의 트렌드에는 잘 맞지 않을 수 있습니다.) 약간 과장된 스토리들도 있고, 일부 사실관계에 오류가 있지만 어차피 픽션으로 만들어둔 것이기 때문에 이러한 부분은 큰 문제가 되지 않으리라 봅니다. 만화에는 초고가 와인만 등장하는 것이 아니라 저렴하고 편하게 구하기 좋은 와인도 많이 있기 때문에 와인 초심자들이 와인을 고르는데 좋은 지침서가 됩니다. 그렇다 하더라도 실제 웃어른 선물용 와인은 좀 더 심각하게 고민해야겠지요?

1. 웃어른의 와인 지식: 앞의 파티에서와 마찬가지로 '꼭 와인이어야 하는가'를 먼저 고민해야 합니다. 웃어른이 술을 전혀 못한다면 이 챕터는 바로 넘어가야겠지요. 웃어른이 와인을 잘 알고 있다면 와인을 고르는 것이 좋겠지만, 이때에도 중요한 것이 웃어른의 와인 지식 수준입니다. 주변에서 이야기를 들어보니 상당한 수준이라면 보편적인 것 보다는 독특한 와인을 고릅니다. 같은 가격이라도 이때까지 전혀 접해보지 못한 지역을 고르는 것이 좋습니다. 만약 술을 좋아하는데 양을 따지는 분이라면 질보다 양으로 가는 것이 좋습니다. 1병만 가지고 가는 것보다는 저렴한 와인을 2병 이상 챙기는 식으로 말이지요.

2. 예산: 예산은 백화점과 마트와 숍의 가격들이 제각각이지만, 5~10만 원 정도가 좋을 것입니다. 일반적으로 보르도 지역의 그랑크뤼 와인들은 기본적인 가격이 7~8만 원에서 가장 높은 등급은 100만 원을 넘기도 합니다. 부르고뉴나 미국의 고급 와인들 역시 수십만 원을 호가하는 경우가 많습니다. 그러나 너무 비싼 와인은 하지 않는 것이 좋습니다. 한편, 일반적으로 수입사들은 권장 소비자가격을 높게 책정하는데, 여기에는 말 못할 사연도 많습니다. 많은 수입사들이 고객 전화를 받는데, 특히 추석 등 명절이 지나고 난 시점에 많이 받는 것이 선물로 받은 와인의 가격을 문의하는 전화입니다. 이때 수입사들은 권장소비자가를 이야기한다고 합니다. 20만 원 와인을 세일가격 10만 원에 구매했는데, 받는 이가 이 와인이 20만 원짜리라 듣는다면 생각하는 가치가 훨씬 높아지겠지요. 어떤 경우든 와인을 구매할 때에는 이러한 예산을 신중하게 고려하는 것이 좋습니다.

3. 구매처와 포장: 웃어른 선물용이라면 구매처가 중요한데, 제가 추천하는 것은 백화점과 숍입니다. 마트는 포장이 되지 않고, 라벨에 손상이 갈 수도 있기 때문에 피하는 것이 좋습니다. 그리고 마트에는 보편적인 와인들이 많고

가격이 다 드러나 있기 때문에 행여나 저렴한 와인을 선물했다면 가격을 쉽게 확인할 수 있습니다. 어른들은 '와인의 가격 = 선물하는 사람의 마음'으로 간주하는 경향이 꽤 있습니다. 그렇기 때문에 좀 더 특별한 와인을 선물해야 하는데, 아무래도 마트보다는 숍이 훨씬 더 좋은 선택처가 되겠지요. 게다가 백화점이나 숍은 예쁘게 포장을 해주니 이 또한 좋은 선택이라 할 수 있습니다.

4. 스토리와 카드 : 백화점이나 숍에 방문하면 이야기를 많이 나눠보세요. 특히 백화점과 숍 중에서도 숍을 더 추천하는데, 숍 매니저나 주인들이 각각의 와인들에 대해서 스토리를 꿰고 있기 때문입니다. 와인에 대한 설명을 잘 들을 수 있으니 일석이조입니다. 와인의 스토리와 함께 작은 감사의 뜻을 담아서 카드를 넣는 것은 좋은 방법입니다.

5. 의외의 선물, 물량공세 : 앞서 이야기 한 바와 같이 만약 와인을 좋아하는데, 양을 중요시 하는 분이라면 아예 저렴한 와인을 1박스(12병) 선물하는 것도 좋습니다. 1만 원 초반대 와인을 12병 구매해도 15만 원은 넘지 않습니다. 만약 선물을 이렇게 해야겠다고 생각한다면 매장에 부탁을 해서 와인을 보내달라 하는 것도 하나의 방법입니다. 이 방법은 윗어른들로부터 좋은 평가를 받는 경우가 생각보다 많습니다. 박스라서 투박하기는 하나 재활용 정리도 수월하고, 윗어른은 오랫동안 그 와인을 마시면서 선물한 사람을 더 오래 생각할 수도 있을 것입니다.

캠핑과 와인

호캉스나 홈파티와 같이 캠핑도 최근의 큰 트렌드입니다. 캠핑은 추운 시절에 갈 수도 있지만 주로 따뜻하거나 더울 때 가게 되지요. 그래서 캠핑의 최대 적은 온도입니다. 맥주는 냉장 팩을 한 상자 갖고 가면 되지만 와인은 병이 크고, 혹시라도 병이 깨지는 경우에는 사람이 다칠 수도 있기 때문에 캠핑에는 와인이 적절하지 못하다고 생각하는 사람도 많습니다. 그러나 캠핑에서 마시는 와인은 맥주와 전혀 다른 즐거움을 줍니다. 그렇다면 캠핑과 와인에 대해서 좀 알아볼까요?

1. 잔의 준비: 잔은 깨질 확률이 높습니다. 주변 환경이 열악하기 때문인데요, 특히 깨진 유리조각은 다음에 캠핑을 오는 이들에게도 위험한 요인이 될 확률이 높으므로 가급적 유리잔은 피하는 것이 좋습니다. 대신 플라스틱 와인 잔을 고르는 것은 좋은 대안이 됩니다. 가장 대표적인 것이 위글이라는 잔입니다. 다른 잔들에 비해서 모양도 예쁘고 색상도 좋게 나옵니다. 이 잔은 재사용해도 좋을 정도로 품질이 좋기 때문에 캠핑에 쓰기에 제격입니다.

가장 대표적인 플라스틱 와인 잔, 위글입니다. 재사용도 가능해서 환경 친화적입니다.

2. 온도 유지: 요즘은 음식 택배시 반드시 보냉재가 함께 첨부됩니다. 이 보냉재를 버리지 말고 냉동실에 몇 개는 상비용으로 보관해두면 유용하게 사용할 수 있습니다. 보냉 가방을 하나 마련하고 보냉재를 넣습니다. 와인은 많이 들어가지 않겠으나, 화이트나 스파클링 중심으로 넣습니다. 특히 유의해야 하는 것은 여름철입니다. 여름철은 트렁크나 차 내부의 온도가 많이 올라가는데 와인은 온도에 특히 민감합니다. 따라서 가능하면 레드 와인도 보냉 가방에 넣는 것이 좋은데, 여름철이 아니라면 트렁크에도 괜찮지만 마시기 전에는 온도를 낮추는 것이 좋기 때문입니다. 또한 화이트나 레드를 막론하고, 보냉 가방에 넣기 전에는 하루 정도 냉장고에 넣어두어 차갑게 만들어 줍니

다. 병이 먼저 차가워진 뒤 와인이 차가워지므로 온도를 낮추는데 오래 걸리기 때문이지요.

3. 와인의 선택: 병 와인을 선택하려면 가급적 저렴한 와인이 좋습니다. 특히 추천하는 것은 마트에서 1+1 형태로 판매하는 와인입니다. 이유는 캠핑을 가게 되면 의외로 대단히 많이 마시게 되기 때문입니다. 저의 경험으로는 평소보다 와인을 약 1.5배 가량 마십니다. 그래도 공기가 좋기 때문에 와인 마신 뒤의 숙취도 덜한 편입니다. 와인을 적게 준비하면 자리의 흥이 깨지는 경우가 많습니다. 그렇기 때문에 가격은 저렴하더라도 와인을 넉넉하게 준비하는 것이 좋습니다. 마트에 가면 1+1 행사 혹은 2병 사면 40% 할인과 같은 물량 소진용 행사가 자주 있는데, 이런 와인을 고르는 것이 효과적입니다.

4. 독특한 모양의 와인: 요즘은 소량 다품종 소비의 시대로 흘러가고 있으며 와인도 예외가 아닙니다. 외국에서도 이러한 추세에 따라서 다양한 형태의 와인들이 출시가 되고 있는데요, 주로 와인의 맛보다는 소비의 편의성을 감안한 와인들입니다. 대표적으로는 '팩와인'이 있습니다. 기본 용량이 1리터 정도에서 4리터까지 있는데 이 와인들은 수도꼭지가 달려 있어서 여러 사람이 즐

원글래스 와인. 쉽게 까서 마실 수 있습니다.

기기에 매우 편리합니다. 구하기는 약간 까다롭지만 코스트코와 같은 대형 마트에서 구할 수 있습니다. 또는 1잔씩 마실 수 있는 원글래스 와인도 출시되어 있습니다. 이런 와인은 깨질 염려가 없으니 더욱 좋겠지요.

5. 마음이 급하면 얼음을: 만약 이도저도 준비가 안 되었다면 와인을 마실 때 얼음을 넣어보세요. 와인이 약간 묽어지기는 하지만 생각보다 덜한 편입니다. 그리고 가장 빠르게 시원해집니다. 특히 화이트 와인들은 맛의 차이를 느끼기 전에 시원한 느낌을 주기 때문에 얼음은 더운 여름 캠핑 이동시에 매우 좋은 대체재가 됩니다. 와인 맛이 변하면 어떻게 하냐고요? 캠핑장에서 와인 시음과 그 정확한 느낌을 갖겠다는 것 자체가 어쩌면 약간 모순된 개념일 수 있겠지요. 캠핑에서는 즐겁게 마시고 자연을 만끽하는데 의미가 있다는 것 잊지 마세요. 와인도 중요하지만 휴식과 즐거움이 캠핑의 핵심이라는 것을.

프로포즈와 와인

요즘은 젊은 층을 중심으로 결혼 전에는 반드시 프로포즈를 거치는 경우가 많습니다. 좋은 식당에서 멋진 분위기를 만들어내고 프로포즈를 하지요. 집이나 호텔에 하트 모양의 불을 켜 두고 깜짝 이벤트를 하기도 합니다. 심지어는 이런 이벤트를 기획해주는 회사나 서비스도 있다고들 하지요. 그리고 프로포즈에는 맥주나 소주보다 와인이 확연히 선호될 것입니다. 그렇다면 프로포즈에 와인은 어떻게 선택하는 것이 좋을까요?

프로포즈에 어떤 와인을 선택해야 하는지에 대해 누군가 물어본다면 나의 대답은 대부분 샴페인입니다. 샴페인은 그 누구에게나 많은 감명을 주지만 특히 여성들에게 깊은 감명을 줍니다. 그 다음으로는 로제 와인을 추천합니다. 로제 와인은 그 색상 자체가 핑크빛을 띠고 있습니다.(원료에 장미가 들어가는 것은 아닙니다.) 가격 역시 상대적으로 저렴한 경우가 많습니다. 만약 이벤트성으로 함께 마시고자 한다면 로제 와인은 좋은 선택이 될 수 있습니다. 한국에서는 로제 와인의 소비자 선호도가 그렇게 높지 않지만, 해외에서는 로제 와인의 소비가 매우 많이 늘어나고 있으며 해산물이나 디저트 등 모든 경우의 음식들과 잘 맞습니다. 그렇기 때문에 부담 없이 기분을 올리고 마시려면 로제 와인은 좋은 선택이 됩니다. 로제 와인의 경우에는 숍을 방문하면 여러 종

류를 고를 수 있으며 적정한 가격대는 3~4만 원 이상으로 보는 것이 좋습니다. 이 가격대의 로제 와인은 단맛을 주지만 이 이상의 가격은 오히려 레드 와인의 특성, 달지 않은 느낌과 진한 과실의 느낌도 많이 줍니다. 좋은 로제 와인일수록 화이트와 레드 중간의 모습을 보여줍니다.

로제 샴페인이나 로제 와인, 그리고 병이 예쁜 고급 샴페인은 프로포즈에 좋은 와인들입니다.

또한 프로포즈에 선택하기 좋은 중요한 와인들도 있습니다.

* 샤토 칼롱 세귀르(Chateau Calon Segur): 라벨에 하트가 크게 그려져 있습니다. 이 포도원을 소유했던 알렉산드르 세귀르(Nicolas-Alexandre) 후작은 자신이 소유했던 다른 유명한 포도밭보다도 이 포도밭을 더욱 사랑해서 이 포도밭의 라벨에 하트를 그렸습니다. 포도원의 입구에도 하트 모양의 문양이 있을 정도로 이 와인은 대상에 대한 지고지순하고 오랜 애정을 표현하고 있습니다. 그렇기 때문에 발렌타인 데이나 화이트 데이에 단골로 등장하기도 합니다. 가격대는 절대 저렴하지 않으나 프로포즈가 성공하면 바로 개봉하지

않고 10년 뒤에 개봉하자거나 신혼여행에서 개봉해서 두 사람의 사랑을 확인하는 방법으로 써도 좋을 것입니다.

* 샤스 스플린(Chasse Splenne): 만화 〈신의 물방울〉에서도 소개가 되었지요. 와인의 의미는 〈슬픔이여 안녕〉으로, '어떤 큰 슬픔이라도 이 와인이 틀림없이 훌훌 털어내 준다'는 취지의 설명으로 만화에 소개되었습니다. 그러나 만화에서는 좀 더 아름답게 표현된 것이고 정확한 의미는 〈우울함을 날려버린다〉라고 합니다. 와인을 마심으로써 그간의 고민거리를 한번에 날려버리니 얼마나 좋을까요? 의미가 여러 가지 뜻을 내포하고 있고, 그간의 슬픔을 뒤로 하고 둘의 미래를 위한 건배를 하기에 적절하지 않을까요? 앞서 말했듯이 샤토 칼롱 세귀르는 가격이 높은 편이지만 샤스 스플린은 그보다는 훨씬 낮은 가격으로 살 수 있습니다. 그러니 프로포즈용 와인으로도 제격일 것입니다.

샤또 칼롱 세귀르　　　샤또 샤스 스플린
[사진 제공: 롯데주류]

다음은 고민하고 고르는 것이 좋은 와인입니다.

* 뵈브 클리코(Veuve Clicquot): 이 와인의 창시자는 미망인이었습니다. 마담 클리코는 1777년 프랑스의 샴페인 생산지 한가운데 있는 랭스(Reims)에서 태어났습니다. 1798년 남편 프랑수아 클리코(Francois Cliquot)와 결혼했으나 1805년 남편이 세상을 떠났습니다. 여기까지 보면 남편이 먼저 떠나는 와인이라는 느낌이 들기 때문에 그렇게 좋은 이미지는 없습니다. 그러나 마담 클리코는 과감하게 포도원의 경영을 시작하였고, 대담함과 명석함으로 와인에 대한 새로운 생산 기술을 정립했습니다. 맑은 샴페인을 만들어내는 '리들링 테이블'이라는 것을 발명해서 현재 대부분의 샴페인 하우스들이 이것을 쓰고 있습니다. 즉, 남편은 잃었지만 불굴의 의지로 성장한 강한 여성을 상징합니다. 만약 프로포즈를 해야 하는 여성이 상대적으로 강한 성격이라 판단한다면 이런 와인은 선택해봄즉 합니다. 상대에게 이야기해줄 것이 있다면 더욱 좋은 스토리가 나오겠지요.

리들링 테이블
[사진 제공: 모엣헤네시 코리아]

마담 클리코

＊ 돔페리뇽(Dom Perignon): 사상 첫 샴페인을 발명한 것으로 알려진 돔 페리뇽 수사의 이름을 딴 유일한 와인입니다. 그리고 대중적으로도 가장 이름이 많이 알려져 있습니다. 돔페리뇽은 샴페인만큼이나 유명하고 그 병 자체도 여러 영화나 만화에서 부와 고급 문화의 상징으로 여겨질 만큼 자주 등장합니다. 가격 또한 상당히 높습니다. 그러나 유의해야 할 점이 있습니다. 이 고급 와인을 피하는 게 좋다고 하니 조금은 의아해 할 사람도 있지만, 이 와인이 일부 클럽에서는 여성들과의 하룻밤을 제안하는 와인으로 사용된다고도 합니다.(물론 공식적으로 확인된 것은 아닙니다만) 만약 이 와인이 프로포즈용으로 쓰인다면 너와 하룻밤만 보내겠다는 의미를 내포할 수도 있겠지요. 이 이미지는 최근에 만수르 와인이라고 불리는 아르망 드 브리냑(Armand de Brignac) 때문에 많이 사라지기는 했으나, 프로포즈용 와인이니 신중한 것이 좋을 것입니다.

이처럼 프로포즈 때에는 상대편의 생각뿐만 아니라 와인의 스토리를 감안하여 선택한다면 정말로 멋진 시간들을 함께 가질 수 있을 것입니다.

6

디저트와 와인 마시기

디저트는 보통 달기만 할 것 같지만 사실은 그 종류가 무궁무진합니다. 정확한 공통점은 단맛이라는 것 하나를 빼고는 제조 방법부터 맛에 이르기까지 천차만별이지요. 그런데 생각해보니 디저트는 디저트만 먹는 경우가 많습니다. 아니면 맛있는 커피나 홍차가 그 옆을 차지하는 경우도 있지요. 디저트는 한국의 문화라기보다는 서양의 문화에 가깝습니다. 기름진 음식을 먹고 난 뒤에 디저트와 함께 진한 커피를 한 잔 마심으로써 저녁 식사를 깔끔하게 마무리하는 것이지요.

본디 디저트에는 맞는 와인이 따로 있습니다. 단맛에는 단맛을 더하는 것이지요. 대개 단맛에 짠맛을 더하면 더 달아진다고 하지만 단맛에 단맛을 더하는 것에 비할 바는 없을 것입니다. 그러나 단맛은 그 하나만으로 완성되지 않습니다. 초콜릿이 맛있는 이유는 달콤한 맛과 쌉싸래한 맛이 함께 있어서일 것입니다. 귤이 맛있는 이유도 달기만 한 것이 아니라 새콤한 맛이 함께 느껴지기 때문이지요. 즉, 단맛은 그 하나만으로 완성되지 않습니다. 그러니 디저트에 와인을 더할 때에는 와인의 맛을 잘 살펴야 합니다. 다음과 같은 기준으로 살펴주세요.

* 단맛은 신맛과 균형이 잡힐 때 최고의 맛이 난다 : 디저트 와인이라고 이름을 붙일 정도로 디저트 와인은 디저트를 위해 특화된 와인입니다. 가격이 높은 것은 어떤 맛이 나느냐 궁금해하는 이들이 많은데, 일반적으로 잘 만든 디저트 와인은 신맛과 균형이 좋습니다. 맛있는 귤을 먹으면 신맛과 단맛이 잘 어우러지는 것처럼, 디저트 와인도 이 두 개의 맛이 기반에서 균형을 이루고, 그 위에서 여러 가지 맛을 보여주는 것이 좋은 와인입니다. 이런 와인은 어떤 디저트와도 멋진 궁합을 보여주지만 대부분의 디저트 와인은 단맛이 주를 이루는 경우가 대부분이므로, 단맛이 상대적으로 적은, 담백한 디저트를 곁들이는 것이 좋습니다. 예를 들어 티라미수의 경우에는 마스카포네 치즈와 약간의 설탕, 노른자, 에스프레소가 곁들여진 디저트지요. 많이 달지 않기 때문에 적절한 단맛의 와인과 좋은 조합을 보여줍니다.

* 단맛의 와인은 작은 병을 사는 것이 좋다 : 디저트 와인은 보통 작은 잔에 마시고, 일반적인 와인 잔에 따르더라도 약간만 따르게 됩니다. 그렇기 때문에 한 번에 큰 병을 사는 것은 낭비일 수 있습니다. 그래서 디저트용 단맛의 와인은 작은 병이 주류를 이룹니다. 프랑스산의 경우에는 750ml보다는

토카이 250ml　　토카이 500ml　　토카이 500ml 숙성하는 모습

375ml가 많습니다. 디저트 와인으로 유명한 헝가리의 토카이(Tokaji) 와인은 큰 병이 500ml로써 다른 와인들보다 양이 적습니다. 그리고 일반적으로 팔리는 토카이 와인은 250ml로써 양이 더 적습니다.

* 단맛의 와인은 산화가 빨리 되지 않는다 : 단맛의 와인은 상대적으로 신맛이 적게 나거나 거의 나지 않는 경우가 많고 산화도 약간 더딥니다. 그래서 집에서 마실 것이라면 한 잔씩 마셔도 좋습니다. 단 와인의 경우 좋은 풍미의 향은 약 1~2주가량 가서 비교적 오래 견디는 편이지만, 시간이 갈수록 단맛만 남게 되는 경우가 많으니, 가장 좋은 맛을 보기 위해서는 여러 사람들이 함께 있을 때 마지막에 디저트와 함께 한 잔씩 마시는 것이 좋습니다.

* 디저트에 스파클링 와인도 좋다 : 스파클링 와인은 입안을 깨끗하게 씻어주는 역할을 합니다. 당연히 디저트와 잘 맞는 편인데, 앞서 이야기 한 바와 같이 와인 병에 'sec'이 쓰인 것을 고르면 좋습니다. 단맛은 단맛과 좋은 조화를 보이는데다 와인의 단맛은 일반적으로 약간의 신맛을 수반하기 때

달콤한 스파클링 와인입니다. 발포성도 있으나 준발포성도 있습니다. 이 와인들은 일반 와인처럼 따서 마실 수 있습니다.

문에 아주 훌륭한 조합을 경험할 수 있습니다.

그렇다면 디저트의 종류에 따라 와인 매칭하는 방법을 알아볼까요? 디저트도 종류가 하늘의 별만큼 많습니다. 일반적으로 디저트에는 밀가루가 거의 들어가지 않고 주로 계란, 설탕, 우유, 생크림 등이 적절하게 배합됩니다. 백화점에 가보면 서양의 디저트뿐만 아니라 동양의 디저트도 다양하기 때문에 각각에 맞추어 와인을 매칭하는 것도 좋습니다.

* 마들렌, 휘낭시에 같은 구움 과자류: 이 과자들은 버터, 설탕, 노른자 등 열량이 엄청난 재료들이 풍부하게 들어가는 디저트류입니다. 당연히 입안에 기름기가 무척 많이 돌게 되는데, 이런 구움 과자의 경우에는 묵직한 보디감이 있는 미국산 화이트 와인들(일반적으로 샤르도네(chardonnay)가 더 잘 맞습니다.)을 고르는 것이 좋습니다. 와인이 아니더라도 발포성이 있는 탄산수와도 궁합이 좋습니다.

* 마카롱, 머랭, 디쿠아즈 같은 쫀득한 식감의 구움 과자류: 이 경우는 쫀득한 식감을 보여주는 스폰지 같은 디저트들이 많습니다. 이런 과자는 단맛이 많이 느껴지는데, 이 단맛에 단맛을 더해주는 게 좋은 궁합을 보이니 입안에서 느낌이 달콤한 식감을 더 강하게 만들어주는 디저트 와인이 좋겠지요. 헝가리의 토카이 와인도 좋고요, 백화점에 가면 아이스 와인이라고 하는 와인을 판매합니다. 기다란 병에 담겨져 있으며 캐나다나 독일을 원산지로 하는 경우가 많습니다. 고급 와인은 매우 비싸지만 잘 찾아보면 저렴한 가격으로 판매되는 아이스 와인도 종종 있으니 한 번 매칭해서 맛보기를 권장합니다.

* 생크림이 곁들여진 케이크류: 스파클링 와인을 매칭하면 더 좋습니다.

크림의 기름기를 스파클링의 기포가 정돈하며 매우 기분 좋은 맛을 전해줍니다. 티라미수도 치즈를 이용한 크림 케이크류이므로 스파클링 와인이 좋은 조합을 보여줍니다.

  * 브라우니 혹은 초콜릿류: 아주 진한 단맛의 고급 디저트 와인들이 잘 맞습니다. 초콜릿은 다크 초콜릿일 경우 더욱 고급스러운 맛을 선사합니다. 이때는 주정강화 와인을 매칭하면 매우 좋은 느낌이 납니다. 일종의 코냑과도 비슷한 와인이지만, 좀 더 단맛이 강하고 과실의 향도 풍부합니다. 포르투갈산 포트 와인은 상대적으로 가격도 저렴하고 오랫동안 집에 두어도 오래오래 풍미를 살려주기 때문에 집에서 마시기에 매우 좋은 와인입니다.

  * 화과자 같은 팥 계열의 디저트류: 사실 서양만 디저트가 있는 것이 아니지요. 우리도 곶감이나 여러 가지 단맛을 내는 것이 있으며, 일본의 경우에는 화과자가 매우 발달해 있습니다. 이런 경우에는 단 와인보다는 달지 않은(드라이한) 화이트 와인이 더 잘 맞는 경우가 많습니다.

  디저트는 생각보다 와인과 매칭이 쉽지는 않습니다. 앞서 설명한 것에 신선한 과일들이 섞인 디저트가 나오는 경우에는 또 조합의 패턴이 완전히 바뀌어버리기 때문입니다. 친구들과 즐겨보기 위해서 간혹 디저트에 와인을 매칭하는 것도 좋으나, 아메리카노나 탄산수들도 좋은 조합이니 디저트에 와인은 너무 심각하지 않게 접근하시기를 권장합니다.

피자와 와인

나는 자랑이 아닌 자랑이 있는데 모 피자 회사의 다이아몬드 등급을 유지한지가 꽤 되었다는 것입니다. 덕분에 큰 할인혜택과 쿠폰이 언제나 온라인에 가득 쌓여 있습니다. 아마도 이 덕분에 그 피자 회사를 더 탈피하지 못하고 있는 것이겠지만, 피자는 먹을 때마다 참으로 매력적인 음식이라는 생각을 지울 수 없습니다. 두꺼운 피자는 두꺼운 피자대로 풍성함과 포만감, 그리고 알 수 없는 충족감을 주며 얇은 피자는 그 나름대로 고소하면서도 쫀득한 치즈의 풍미를 선사합니다. 나에게 지금까지 가장 맛있었던 피자는 외국에서 먹었던 것도 아니고 잘 아는 쉐프가 화덕에 구워준, 간단한 토마토 소스에 루콜라만 올라간 피자였습니다. 얇고 투박한 도우 위에 이탈리아 사르디니아산 토마토 페이스트를 살짝 바르고 그 위에 간단한 치즈, 마지막으로 나올 때 루콜라가 살짝 얹힌 피자의 맛은 지금까지 맛본 그 어떤 피자와도 견줄 수 없습니다.

삼척동자도 다 알 정도로 피자에는 얇은 것도 있고 두꺼운 것도 있습니다. 이를 구체적으로 분류하자면 나폴리식 피자도 있을 것이고 미국에서 출발하여 밥 한끼 거뜬하게 만들어준 시카고 피자라 분류할 수 있습니다. 그에 덧붙여 프랑스 알자스식 피자 타르트 플랑베도 있지요. 물론 우리가 통상 즐겨 먹는 파전이나 부추전을 코리안 피자라고 이야기하는 이들도 있습니다. 어떤 형태로든, 피자라는 것은 손으로 집어먹기 수월하고, 가격이 비싸지 않아 서민들이 즐겨 먹는 요리라는 것에는 이견이 없을 것 같습니다. 그런 피자이니 가장 어울리는 음료를 치면 콜라나 맥주를 꼽을 수도 있지만, 와인도 상당히 좋은 조합을 보여줍니다. 피자 타입에 따라서 몇 개의 와인을 추천해봅니다.

* 두껍고 토핑이 많은 피자: 두꺼운 피자는 칼로리가 높은 편이며, 토핑도 많기 때문에 아주 묵직한 느낌을 줍니다. 이 경우에는 콜라와 같이 달고 탄산 느낌이 많은 음료가 제격입니다. 그러나 콜라라는 것의 본질은 신맛을 내는 산 성분에 있습니다. 콜라에 치아를 넣으면 부식된다고도 하지요? 발포성과 단맛을 생각한다면 두꺼운 토핑의 피자에는 이탈리아산 레드 와인 중에서도 신맛이 강한 맛의 와인들을 추천합니다. 정확하게 이야기하자면 '키안티(Chianti)'라고 쓰인 와인을 골라보세요. 혹은 '바르베라(Barbera)'라고 쓰여진 와인을 골라보세요. 두 와인 모두 이탈리아에서 가장 유명한 포도 품종이거나 지역입니다. 신맛이 강하고 바르베라는 특히 묵직하기까지 하여 두께가 두꺼운 피자와 좋은 궁합을 보여줍니다.

* 화덕에 구운 신선한 토핑피자: 모든 것이 피자 도우의 토핑으로 오븐에 들어가지는 않습니다. 오븐에 들어간 뒤, 서빙될 때 다시 야채와 약간의 올리브유, 발사미코가 토핑되는 경우도 있는데, 이러한 경우 피자를 칼과 포크로 잘라 먹기 어렵습니다. 대신 루콜라 잎을 피자에 말아 싼 뒤 입안에 넣어 먹으면 쌉싸름한 느낌의 야채 느낌과 따끈하면서도 즙이 많은 토마토 소스의 질감이 입안에 골고루 퍼집니다. 이때에는 가벼운 레드 와인도 좋지만 약간 묵직한 화이트 와인도 좋습니다. 이런 피자는 주로 집에서 바로 구워먹

기에는 어렵고, 레스토랑에서 먹는 경우가 많기 때문에 해당 레스토랑의 리스트에서 골라야 할 것입니다. 샤르도네(Chardonnay)라고 쓰인 품종의 와인을 고르거나 소믈리에의 추천을 받아보는 것도 좋습니다. 신선한 야채의 느낌에 산뜻한 화이트의 질감이 좋은 궁합을 보여줍니다.

마르게리따

　*담백하고 얇은 도우와 치즈가 주를 이루는 피자: 섬세한 느낌을 주거나 토핑이 최소화되어서 오븐에서 구워 나온 피자는 맛 또한 섬세합니다. 예를 들어 네 가지 종류의 치즈만으로 구성되었거나 향이 강한 고르곤졸라 치즈가 올라가서 꿀에 찍어 먹는 피자도 있습니다. 이런 피자의 경우 향이 강하거나 독특한 아로마를 주는 경우도 많기 때문에 좀 더 섬세한 와인이 조화를 이룰 수 있습니다. 피노 누아르와 같이 섬세함을 갖춘 와인도 좋은 궁합을 보여주며, 고르곤졸라 치즈는 곰팡이의 향에 꿀이 덧붙여지기 때문에 '리슬링(Riesling)'이라고 쓰인 포도품종의 와인을 고르는 것이 좋습니다. 리슬링의 경우에는 약간의 단 느낌을 주어서 더욱 멋진 궁합을 경험할 수 있을 것입니다.

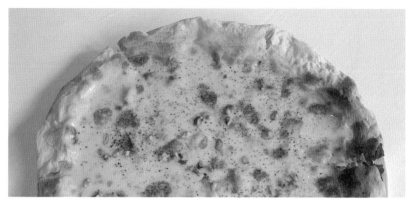

고르곤졸라

　* 앤쵸비 등 전통적인 이탈리안 풍미를 주는 피자: 멸치젓갈이라고 하면 좀 이상하게 들리지만 앤쵸비라 하면 의외로 거부감이 줄어듭니다. 생각보다 앤쵸비는 가공 및 보관에 공이 많이 들어가는 고급 식자재입니다. 앤쵸비를 올리면 짭조름하면서도 기분 좋은 바다 내음이 많이 나는 피자가 되지요. 이외에도 여러 가지 햄들이 올라가는 피자 등 독특한 풍미의 피자들이 많은데, 이 경우에는 달지 않은 화이트 와인, 맛이 섬세하고 달지 않은 이탈리아 와인들이 잘 맞습니다. 또는 고급 이탈리아 와인들 중에서 골라보는 것

앤쵸비

도 하나의 방법이 됩니다. 그러나 2만 원짜리 피자에 10만 원짜리 와인을 마신다는 것은 뭔가 약간 균형이 맞지 않아 보이지요? 그렇다면 소비뇽 블랑(Sauvignon Blanc) 같은 단맛이 거의 없고 신맛이 강한 와인을 함께 조합해 보면 좋습니다. 이탈리아산 피노 그리지오(Pinot Grigio) 품종의 와인도 좋은 궁합을 보여줍니다.

피자는 대표적인 홈파티 음식이라 해도 부족함이 없을 것입니다. 집에서 친구들과 함께 피자를 먹으면서 편한 잔에 편한 와인 한 잔 따르고 즐거운 이야기를 나누면 그 이상 가는 것이 있을까요? 그러나 레스토랑에서도 보편적으로 맛볼 수 있는 것이 또한 피자입니다. 피자는 그 형태에 따라 맛과 특징이 다양하니 그에 맞추어 와인을 마셔보는 것은 매우 좋은 경험일 것입니다. 오늘도 피자와 와인의 만남을 위하여 건배!

3.

와인과 선물

누구를 위해서 선물하는가

한국의 와인시장에 있어서 선물은 생각보다 큰 비중을 차지하고 있습니다. 외국의 경우 집에서 평소에 즐기는 수준으로 생각하고 있으며 우리나라도 점차 가볍게 사서 마시는 문화가 정착되어가고 있지만, 여전히 와인은 선물로서 큰 역할을 담당하고 있습니다. 실제로 추석이나 설 시즌이 되면 와인의 수입 물량은 통계에 영향을 줄 정도로 늘어납니다. 평소보다 20% 가량 더 수입되는데, 그 와인들은 대부분 선물세트로 판매된다고 해도 과언이 아닙니다. 김영란법 통과 이후에는 오히려 시장이 위축되지 않을까 생각하는 경우도 많았지만 오히려 가격이 명확하고 세금계산서가 명확하게 발급되기에 더 깨끗한 선물이라는 인식이 정착되면서 명절 선물 등에서 와인은 여전히 좋은 반응을 얻고 있습니다.

특히 웰빙 트렌드에 맞물리고 예산에 맞추어서 쉽게 고를 수 있기 때문에 와인은 앞으로도 선물로서 그 가치를 충분히 할 것이라 생각됩니다. 그러나 와인이라는 것은 선물하기가 까다로운 물건이기도 합니다. 처음에는 예산에만 맞추어서 선물을 했다면 요즘은 여러 가지 요인을 고려하여 고르는 것이 좋습니다. 이 책에서 큰 챕터를 하나 통째로 내어서 이야기하는 것도 와인이 선물로 좋을 뿐만 아니라 고를 때에도 신중하게 골라야 하기 때문입니다. 우선은 누구에게 선물하느냐가 중요합니다.

* 윗사람: 윗사람은 보통 나이가 있는 어르신들인 경우가 많을텐데 레드 와인 중심으로 고르는 것이 좋습니다. 또 싼 와인을 두 병 고르는 것 보다는 좋은 와인 한 병을 선물하는 것이 좋습니다. 윗사람이 와인을 잘 아는지, 잘 모르는지 정도의 사전 정보는 알고 선물하는 것이 좋은데, 와인을 잘 안다면 독특하고 특이한 와인을, 잘 알지 못한다면 누구나 들어도 잘 아는 와인을 선물하는 것이 좋습니다. 예를 들어 몬테스라는 와인은 우리나라 사람들의 상당수가 한 번 정도는 들어본 적 있는 칠레 와인입니다. 그만큼 와인을 잘 모르는 윗사람도 주변에 물어보기 수월하기 때문에 좋은 선물이 됩니다.

* 비즈니스 관계: 만약 와인을 좋아하는 비즈니스 관계자라 한다면 상대편의 취향을 미리 조사하는 것이 좋습니다. 특히 취향이 까다로운 사람이라면 그 사람의 와인 선호 지역을 조사해야 합니다. 만약 그 사람의 와인 취향을 알 수 없다면 생산연도가 좋은 지역의 와인을 고르는 것이 좋습니다. 아무리 지역적으로 편차를 갖고 있는 애호가라 하더라도 좋은 연도에 대한 선호는 있기 때문에 받는 사람의 정성을 더욱 고려해줄 수 있습니다. 와인을 잘 아는 사람이라면 와인 생산연도만 보고도 선물한 사람의 감각을 인정하는 경우가 매우 많습니다. 물론 지역적인 선호도, 종류에 대한 선호도를 안다면 더욱 좋겠지요. 예를 들어 선물을 해야 하는 사람이 샴페인을 좋아한다면 당연히 샴페인 중에서 좋은 연도의 것을 골라서 사면 좋습니다. 비용은 약간 들겠지만 좋은 비즈니스 결과를 위해서라면 그 정도의 투자는 필요할 것입니다. 하지만 비즈니스 선물용 와인은 절대적으로 상대편의 술에 대한 취향을 조사한 뒤에 시도하는 것이 좋습니다. 위스키 애호가에게 와인을 선물하면 그만큼 효과는 반감될 테니까요.

* 동성 친구 : 친구끼리 와인을 선물할 일이 자주 있지는 않겠지만, 서로 와인을 좋아하는 친구라면 좋은 일이 있을 때 선물하면 좋습니다. 그리고 솔직하게 이야기하자면, 그 와인은 대부분 그날 개봉됩니다. 처음에는 가볍게 술을 마시지만 친구들끼리 술기운이 오르면 선물로 받은 와인을 까게 되는 경우가 많습니다. 혹은 다음 번 친구를 만날 때 친구가 그 와인을 갖고 나올 수도 있겠지요. 그렇기 때문에 편안하게 마실 수 있는 가벼운 와인으로 선물하는 것이 좋습니다. 오히려 좋은 와인을 선물하면 다음에 그 와인을 맛보지 못할 수도 있습니다. 이성 친구가 있다면 그 친구와 좋은 와인을 마시려 할테니, 오히려 적절한 가격의 와인(3~5만 원선)을 선물하면 다음에 같이 마시게 될 것입니다. 그러니, 동성 친구끼리는 선물할 때 얼마짜리인지 미리 이야기 해주고 꼭 나랑 마시자고 이야기 하세요.

  * 여자→남자 : 여자가 남자에게 와인 선물을 하는 경우는 매우 드뭅니다. 마음에 담아두었거나 혹은 정말로 큰 도움을 받았을 경우에 와인으로 마음의 성의를 표하려고 하는 선물입니다. 이때에는 와인과 함께 작은 카드를 넣어서 선물하는 것이 좋습니다. 꽃을 함께 준비하는 경우 여성들은 감동하겠지만 남자들은 크게 감흥을 받지 않습니다. 남자는 여자에게 와인을 받을 경우에 일종의 '윗사람'에게 오는 와인 정도로 생각하는 경우가 많습니다. 남자에게 선물할 때에는 레드 와인을 고르세요. 맛은 보편적으로, 가격도 비싸지 않은 평범한 와인을 고르는 것이 좋습니다.

  * 남자→여자 : 남자가 여자에게 와인을 선물하는 것은 고백의 의미를 표함할 수 있습니다. 특히 좋은 와인을 선물한다는 것은 함께 마시자는 의미도 내포되기 때문에 프로포즈의 의미를 강하게 갖습니다. 그렇기 때문에 선정할 때 신중하게 선택해야 할 것입니다. 이때에 추천하는 것은 스파클링 와인입니

다. 그 다음 순서로 화이트 와인, 피노 누아르(Pinot Noir)라는 포도를 이용한 와인, 마지막이 레드 와인입니다. 스파클링 중에서도 샴페인은 남자가 여자에게 할 수 있는 가장 좋은 와인 선물이 될 수 있습니다. 적어도 저의 경험으로 와인을 마셔본 여성 중에서 샴페인을 싫어하는 경우는 절대 없었습니다. 실제로 선물하고자 한다면 한 번 시도해보세요.

* 연인: 혹시 결혼을 결심하고 있나요? 그리고 연애시 서로 예산을 나누어서 만나고 있나요? 그렇다면 절대적으로 저렴한 것으로 가세요. 꼭 기억해야 할 날이 있다 하면 예산 이외에 돈을 조금씩 모은 뒤, 그 돈으로 와인을 구매하세요. 그렇지 않다면 다음 같은 추궁에 시달리게 될 것입니다.

"우리 결혼하려면 돈 들어갈 곳도 많은데, 이 와인 얼마짜리야? 이거 그냥 맘대로 사도 되는거야?"

"이렇게 비싼 와인 결혼하고 나서도 계속 사서 모을 거야? 돈이 얼마나 드는데?"

"이거 살 때 나랑 상의는 했어? 왜 마음대로 사는 거야?"

대충 그림이 그려지시죠? 와인은 아무리 보아도 절대로 싼 술은 아닙니다. 물론 4,900원 와인을 선물할 사람은 없을테지만, 와인을 선물로 하고자 하는 경우에, 특히 연인이라 한다면 일단은 한 번 고려하고 구매하시기를 권장합니다. 만약 저녁에 같이 마실 생각으로 와인을 구매했다면 1주년, 2주년 기념일, 청혼할 때 등 특별할 때를 제외하고는 편안한 와인 중심으로 구매하시길 권장합니다.

어디서 살 것인가

와인은 가격이 워낙에 천차만별이기 때문에 구매하는 곳에 따라서도 차이점이 많습니다. 선물에 써야 하는 와인은 병도 깨끗해야 하기 때문에 구매하는 곳에 따라서 구매처에 신중해야 합니다.

* 마트: 마트는 대량으로 소비하고, 일반적으로 입고도 각각의 상품을 섬세하게 관리하지는 않기 때문에 크게 추천하지는 않습니다. 다만 숍이 주변에 없거나 선물하고자 하는 사람이 꼭 원하는 와인이 마트에 있다면 어쩔 수 없이 마트에 가야겠죠. 이 경우에는 와인의 라벨을 잘 살펴보고 흠이나 긁힌 부분이 없는지 확인합니다. 바닥에서 캡까지 전체적으로 깨끗한 상태인지를 확인합니다. 마트는 와인의 상품 회전율을 높이는 것이 주 목적이기 때문에 간혹 고가 와인을 저렴하게 판매하기도 하지만, 셀러의 관리가 일부 부실하거나 고가의 와인이 밖에 나와 있는 경우도 종종 있기 때문에 구매시에는 신중해야 할 것입니다. 데일리 와인의 경우에는 큰 문제가 되지 않을 사항도 고가 와인에서는 문제가 되는 경우가 많을 수 있습니다. 특히 직접 포장할 때는 더욱 유의해야 하는데 이 경우 병에 붙은 바코드나 다른 가격표가 있는지 잘 살펴보아야 합니다. 라벨에 걸쳐서 바코드 등이 붙어있는 경우에는 라벨이 손상될

수 있습니다. 소중한 선물인데 바코드 때문에 라벨이 손상되면 선물로서 가치도 떨어지겠지요. 어떤 경우든 마트에서 선물용 와인을 고르면 가격은 저렴할 수 있으나 포장을 직접 해야 하고 신경 써야 할 부분도 여럿이기 때문에 가급적 피할 것을 추천합니다.

* 전문 와인숍: 선물을 고르는 데 있어서 가장 추천하는 곳은 바로 숍입니다. 숍은 자체적으로 여러 와인 컬렉션을 두고 있을 뿐만 아니라, 입고된지 오래된 와인도 많습니다. 또 와인숍에서는 여러 대화를 할 수 있습니다. 대개 주인들이 직접 관리하고 있으며, 직원들의 경우에도 오랫동안 함께 일한 경우가 많기 때문에 수입사들의 이력을 잘 알고 있고 입고된 와인의 시기와 상태에 대해서도 꿰뚫고 있습니다. 물론 고객에 대한 이해도 빨라서 선물에 최적화된 와인을 고르는 데 도움을 받을 수 있습니다. 이때 중요한 것이 선물을 받는 사람에 대한 기본적인 정보와 스토리입니다. 이것을 모두 다 이야기 해주면 숍에서 적절한 와인을 추천해 줍니다. 그리고 꼭 선물이라고 이야기해야 합니다. 숍에서는 와인 병에 가격표를 붙여두는 경우도 많기 때문에 이것은 반드시 떼야 하겠지요. 숍은 포장과 함께 배송도 해주는 경우가 많아 선물을 하기에는 매우 적절한 곳이라 볼 수 있습니다. 대부분의 와인숍들은 수백 가지 이상의 와인들을 보유하고 있기 때문에 어지간하면 취향에 맞는 와인들을 추천받을 수 있을 것입니다.

* 백화점: 백화점의 직원은 일반적으로 수입사에서 파견된 경우가 많습니다. 백화점에 와인 코너가 있다 하더라도 이 직원들은 자신의 수입사 와인을 판매하는 것에 집중하는 경우가 많습니다. 따라서 다른 수입사의 와인을 고르려 하면 드러나지는 않으나 자신의 수입사 와인으로 유도하기도 합니다. 과거에는 노련한 매니저 1~2명이 전담하여 숍을 관리했다면 큰 곳의 경우에

는 10명 남짓한 판매사원들이 적극적으로 판매에 열중합니다. 자연히 내가 원하는 와인이나 스토리를 이야기할 수 있는 시간이 줄어들고 사원들의 설명에 휘둘리게 되는 경우가 많습니다. 경력이 많고 노련하다면 다행이겠으나 아닌 경우에는 위험을 감수해야 하겠지요. 그러나 백화점의 좋은 점은 고가의 유명한 와인들을 잘 비치하고 보관하고 있다는 점입니다. 꼭 사야 하는 와인, 중요한 빈티지가 있다면 백화점에 문의를 해보세요. 각 지점마다 확인을 한 다음 다른 지점에서 와인을 구해줄 수도 있습니다. 백화점은 단점도 있으나 장점도 많습니다.

* 해외구매: 해외에서 와인을 사오셨다고요? 그리고 그 와인을 선물로 쓰려면 내가 와인에 대해서 아주 잘 알고 있거나, 상대편도 와인을 잘 아는 경우에 하는 것이 좋습니다. 만약 내가 와인을 잘 모르는데 와인을 잘 아는 사람에게 선물을 하는 것이라면 매우 신중해야 합니다. 경우에 따라서 아주 독특하다 못해 품질이 좋지 못한 와인들을 구매할 수도 있기 때문입니다. 외국이라고 모든 와인이 한국에 수입되는 와인에 비해 월등하게 맛있는 것은 아니니까요. 아주 유명한 숍에 가서 전문가들에게 추천을 받는 게 아니라 관광지 혹은 면세점에서 낮은 가격의 와인을 사게 되면 오히려 국내보다 가격이 비싸거나 품질이 좋지 못한 경우도 많습니다. 그렇기 때문에 해외에서 와인을 구매해서 갖고 오는 경우에는 내가 와인을 매우 잘 알고 선물을 받는 이도 와인을 매우 잘 아는 경우라는 것, 잊지 마세요.

예산과 병 수 정하기, 그리고 포장

앞서 웃어른 선물용 와인에서 기본적인 사항들을 설명하기는 했습니다만, 와인이 선물로 인기있는 이유는 어느 정도의 가격이 되기 때문입니다. 즉 선물은 적정한 가격대 이상이 되어야 한다는 것이지요. 와인을 선물하는데 있어서 가장 중요한 것이 예산입니다. 예산을 정하지 않은 경우에는 그 가격이 기하급수적으로 늘어날 수 있습니다. 국가나 지역 등에 따라서 예산에 기본적인 범위가 있으니, 다음의 경우를 잘 감안하시기 바랍니다.

1. 국가에 따른 예산 산정

* 프랑스 와인/포도원별 고급 와인: 기본적으로 병당 7만 원 이상의 예산을 배정하세요. 프랑스 와인은 세계에서 가장 높은 가격대를 유지하고 있습니다. 그랑크뤼(Grand Cru)라는 고급 와인 등급은 7만 원대에서도 구매하기 어렵고 10만 원을 훌쩍 넘기는 경우가 많습니다. 미국의 고급 포도원들의 경우에도 10만 원은 훌쩍 넘깁니다. 7만 원 근방에서는 유명한 포도원의 약간 낮은 급의 와인들을 구매할 수 있습니다. 이름이 유명한 만큼 스토리도 많고, 선물 받는 사람이 인지할 수 있는 범위도 넓습니다. 그렇기 때문에 프랑스나 미국 등 유명 와인산지의 고급 와인을 고른다면 어느 정도 예산을 지출할 각오

를 해야 하며, 당연히 많은 병수를 구매하기는 어렵습니다.

　* 이탈리아 와인/미국 와인: 기본적으로 5만 원 이상의 예산을 배정하세요. 이탈리아 와인 중에서도 비싼 와인은 수십만 원을 호가하는 경우가 많습니다. 그러나 보편적으로 이탈리아 와인과 미국 와인의 가격대는 비슷하게 형성되어 있습니다. 특히 미국이나 이탈리아 와인은 라벨이 예쁜 것이 매우 많죠. 고풍스럽고 세련된 디자인에서부터 주제에 맞는 의미들이 새겨진 경우도 많이 있기 때문에 이탈리아나 미국의 와인은 선물하기에 좋은 선택이 될 수 있습니다. 라벨의 모양 등을 감안한다면 기본적으로 병당 가격은 5만 원 가량 잡는 것이 좋습니다.

　* 칠레 등 남반구 와인, 스페인 와인: 기본적으로 병당 3.5만 원 이상의 예산을 배정하세요. 이 국가들의 와인은 품질이 나쁘다기보다는 상대적으로 프랑스, 이탈리아에 비해 가격이 저렴할 뿐입니다. 수입사들마다 책정된 가격기준으로도 이 정도면 나쁘지 않은 품질의 와인을 구매할 수 있습니다. 남반구 와인은 가격에 비해서 맛이 좋습니다. 국가별로 맛의 편차가 줄어들고 있기 때문에 친구들에게 선물하기에도 대단히 좋습니다. 친구와 축하할 일이 있다면 스페인의 스파클링 와인을 선물하는 것도 좋습니다.

　* 내추럴 와인: 국가 구분에는 위배가 됩니다만, 요즘 핫 트렌드로 꼽히는 것이 내추럴 와인입니다. 내추럴 와인은 이후에 설명을 더 하겠으나 선물용으로 쓴다면 매우 트렌디한 사람에게, 포장을 예쁘게 하기보다는 직접 전달하는 경우에 하는 것이 좋습니다. 내추럴 와인은 온도에 민감하고 마실 때에도 여러 까다로운 조건들을 어느 정도 맞추어주어야 하기 때문입니다. 그리고 구매할 때에도 충분히 설명을 듣고 서빙을 하는 방법에 대해서 숙지한 뒤, 선물을 받는 사람에게도 잘 설명해주는 것이 좋습니다.

2. 병수에 따른 구성 방법

* 1병 : 프랑스 보르도 와인 중 그랑크뤼(Grand Cru)라는 고급 와인을 선물하거나 그 이외 다른 지역에서도 포도원의 최상급 와인을 선물할 때는 1병으로도 충분합니다. 고가인데다가 라벨에서도 그 힘을 느낄 수 있습니다. 무게감이 있으며 진지한 느낌을 주기 때문에 1병만으로도 그 존재감을 명징하게 각인시킬 수 있습니다. 1병은 프랑스 고가 와인이거나 샴페인, 혹은 미국의 컬트 와인, 또는 내추럴과 같이 특성이 매우 독특한 와인인 경우에 하는 것이 좋습니다.

* 2병 : 예를 들어 프랑스 와인 1병을 살 가격이면 칠레 와인 두 병 가량을 구매할 수 있습니다. 앞서 이야기한 예산 기준으로 하면 말이지요. 하지만 프랑스 와인의 맛이 칠레 와인 맛의 정확하게 두 배가 되지는 않습니다. 최근에는 맛의 평준화도 많이 이루어지고 있으니까요. 그러나 프랑스 와인 1병, 칠레 와인 1병 하면 좀 느낌이 이상합니다. 2병을 하는 경우에는 같은 포도원의 레드와 화이트를 하는 것이 일반적입니다. 모양도 비슷하기 때문에 보기에도 좋고, 특히 포장할 때 높이가 정확하게 맞습니다. 모든 와인 병의 높이가 같을 것 같지만 실제로는 회사마다 조금씩 차이가 나기 때문에 가급적 같은 포도원의 와인으로 고르는 것이 좋습니다.

세트 돈나푸가타
[사진 제공: 나라셀라]

세트 몬테스 알파 블랙라벨

* 3병 이상: 3병 이상 선물을 하는 경우에는 예산이 많이 늘어날 수 있습니다. 이럴 때에는 3병이냐 아니면 그 이상이냐를 고민해야 합니다. 일반적으로 와인을 선물할 때에는 2병을 잘 넘지 않습니다. 3병 이상이 되는 경우에는 오히려 와인의 예산을 낮추고 같은 종류로 4병, 6병 단위, 즉 짝수 단위로 하는 것이 좋습니다. 하지만 8병을 주문하게 되면 이 역시 모양새가 좋지 않습니다. 와인 선물을 하는 권장 단위는 2병 다음에는 6병, 12병입니다. 상자가 6병 기준이라, 4병이나 8병을 상자에 넣으면 모양새가 나오지 않기 때문입니다. 물론 이렇게 된다면 가격을 저렴하게 하는 것이 좋은 방법이겠지요. 이 경우에는 포장도 매우 어렵습니다. 그래서 수입사에서 보관된 좋은 나무 박스 등을 활용하기도 하지만 전체적인 형태는 조심스럽게 포장한 것보다는 예쁘지 않게 나옵니다.

포도원에서 고급 와인은 이렇게 나무 상자에 담아 출시합니다. 상당히 멋스럽습니다.
[사진 제공: 빈티지코리아]

3. 포장

현행 규정상 와인은 통신 판매가 불가능합니다. 그러나 숍에서 직접 결제를 한 다음, 성인 소비자에게 선물로 배송하는 것은 어느 정도 묵인되고 있습니다. (즉 규정 위반이지만 시장에 큰 혼란을 주는 것은 아니기에 국세청에서 문제 삼지는 않는다는 정도의 양해가 되어 있습니다.) 와인은 먼 곳에 있는 이에게 택배로 보내는 경우와 직접 갖고 가는 경우에 따라 포장의 패턴이 조금씩 바뀐다고 할 수 있습니다. 와인의 경우 먼 거리를 보내는 경우에는 뽁뽁이를 넣는 경우도 많지만 이 경우에는 와인 병이 깨지기 쉽습니다. 그래서 와인을 배송할 때에는 주로 사진과 같은 에어캡에 넣어서 배송합니다. 이렇게 하면 어지간해서는 와인이 깨어지지 않습니다. 또는 좋은 선물상자에 넣어서 보내는 경우도 있습니다. 만약 직접 전달한다면 숍에 포장을 요청하는 것이 좋습니다.

에어팩으로 포장한 와인

4. 함께 담으면 좋은것들

* 와인에 대한 소개서: 와인의 종류는 너무나도 많아서 일일이 확인하기가 어렵습니다. A4 용지에 출력을 해서 와인 설명서를 넣는 경우들도 있지만 성의가 없어 보일 수 있습니다. 게다가 깨알 같은 글씨와 와인의 기술정보(품종, 테루아 등등)를 써둔 정보를 주면 받는 이들에게 좋은 정보를 제공하기는커녕 곧바로 휴지통으로 갈 확률이 높습니다. 소개서는 쉽고 간략하게 어디에서 몇 점 받았는지, 그리고 이 와인이 얼마나 유명한 와인인지(예를 들어 유럽

왕실에서 사용되던 와인이다 등)에 대한 정보를 담아둔 정도가 좋습니다. 그래야 와인을 받는 이들이 기본적인 정보를 받고 즐거워 할 수 있을 것입니다.

　* 소믈리에 나이프와 사용법: 소믈리에 나이프는 일반적으로 와인을 오픈하는 도구입니다. 이 책에서도 설명할 예정이지만 처음 접하는 사람들은 쓰기 어려워 할 수 있습니다. 소믈리에 나이프를 선물할 때는 사용법을 그림으로 그려둔 설명서를 함께 첨부하면 좋습니다.

와인을 선물로 받았다면

와인을 선물로 주는 경우도 있지만 선물로 받는 경우도 있습니다. 비싼 와인을 선물로 주는 경우는 많지 않습니다만, 그래도 와인을 받았을 경우에는 어떤 와인인지 궁금하겠지요. 가격을 확인하기 위해서는 모바일앱을 쓰는 방법도 있지만 와인의 해외 가격과 국내 가격에 차이가 많고, 선물을 한 사람의 입장도 고려해야 하므로 신중하게 확인을 해야 합니다. 이때에는 와인의 뒷면을 보세요. 반드시 수입한 회사의 연락처를 쓰도록 법으로 규정되어 있기 때문에 연락처가 있습니다. 이 연락처로 전화를 해서 와인에 대해서 문의하는 것이 좋습니다. 전화해서는 연락처 근처에 쓰인 한글 제품명을 읽어주는 것이 좋습니다. 왜냐하면 와인의 라벨에 있는 것을 읽어주어도 그 발음이 틀린 경우도 있을 것이기 때문에 상대편에서도 확인을 못할 확률이 높기 때문입니다.

1. 가격 확인은 수입사로: 와인은 유통 과정에서 가격이 수시로 바뀝니다. 혹시 신라면 1개의 소비자 가격을 알고 있나요? 대부분 신라면은 다섯 개 들이로 사기 때문에 하나의 가격은 잘 모릅니다. 물론 뒷면을 보면 쓰여 있지만 우리가 크게 신경 쓰지 않지요. 이처럼 와인의 가격을 숍이나 유통처에 물어보면 잘 모르거나 잘못된 가격을 알려주는 경우가 많습니다. 그렇기 때문에 와인의

가격은 수입사에 직접 문의하는 게 좋습니다. 그리고 수입사에서 권장 소비자 가격을 듣고 나면 그 가격에서 약간의 할인을 생각하세요. 할인율은 사람에 따라 다르겠지요? 그 할인율을 더하면 대충 얼마 정도의 와인인지 알게 됩니다.

2. 비비노나 와인서처 같은 해외 사이트는 안보는 것이 좋다 : 비비노나 와인서처의 운영 방법을 간단하게 설명 드리자면, 소비자들이 구매했던 가격을 올리는 경우도 있지만 숍에서 직접 올리는 경우도 있습니다. 즉 손님을 끌기 위해서 숍들이 가격을 정해서 올리는 것입니다. 우리가 인터넷 쇼핑몰에서 최저가를 검색하다가, 가격에 혹해서 들어갔다가 실제 주문하면 운송료다 옵션이다 해서 가격이 많이 올라가는 경우를 경험했을 것입니다. 이처럼 사이트의 가격은 검증된 것이 아닙니다. 시장의 유통 가격을 정확하게 설명하지도 않습니다. 2~3천 명이 가격을 올리지도 않고, 사진을 올리면서도 자신이 산 가격은 정확하게 올리지 않습니다. 왜냐하면 자신이 마시는 시점에 구매했던 가격이나 레스토랑의 가격들이 얽혀 있기 때문입니다. 우리도 예전에 산 물건의 가격을 정확하게 기억하지 못하듯, 와인도 마시는 시점에 사진을 올리면 그 가격이 정확하지 않은 경우가 많습니다. 따라서 이러한 가격을 보게 되면 선물한 사람이 구매한 가격과 심하게 차이날 수 있습니다. 그러니 가급적 이러한 사이트의 정보는 참고용으로만 살펴보기를 권장합니다.

3. 보관은 서늘하고 건조하며 어두운 곳에 : 음식을 보관하는 데 있어서 가장 적절한 곳은 차고 건조하며 그늘진 곳입니다. 커다란 장에 두면 와인은 금방 변질됩니다. 특히 유의해야 하는 것은 직사광선인데, 아무리 와인 병이 갈색이더라도 빛을 쐬게 되면 와인 자체에 갈색 톤이 돌게 되는 경우가 많습니다. 그리고 와인의 품질도 나빠집니다. 집에서 밝은 곳에 오래 두어도 이러한 현상은 발생하니 선물 받은 와인은 뒷 베란다처럼 통풍이 잘 되는 곳에 보관

하는 것이 좋습니다. 간혹 결로 현상에 의해 라벨에 습기가 생기는 경우가 있는데 이런 경우 라벨이 쭈글쭈글해집니다. 이걸 막기 위해서는 와인 병에 랩을 씌우는 방법도 있고 신문지로 싸두는 방법도 있습니다.

그리고 와인을 문의할 때에는 앞서 얘기한 것처럼 백라벨에 쓰인 한글 제품명을 읽어주면 담당자가 쉽게 와인을 찾아서 정보를 알려줄 수 있습니다. 그리고 그 와인의 스토리를 더 물어볼 수도 있습니다. 예를 들어 해당 수입사에서 가장 잘 나가는 와인이라든지, 어느 대회에 나가서 1등을 했다든지 등 여러 추가적인 정보도 얻을 수 있기 때문에 와인을 받고난 뒤 궁금증이 생긴다면 수입사에 물어보세요. 받은 이의 마음도 확인할 수 있고, 만약 밖에 나가서 다른 이들과 와인을 마실 때에도 여러 가지 좋은 이야기들을 할 수 있을 것이라 봅니다.

와인 액세서리 선물

앞서 와인의 선물과 포장에 있어서 함께 넣으면 좋은 것에 와인의 주변 도구들을 언급하였습니다. 와인을 잘 알고 있는 사람들이라면 꼭 와인을 선물하라는 법은 없습니다. 와인 이외에도 훌륭한 선물이 많기 때문이지요. 한 번 살펴볼까요?

1. 잔(Glass)

와인 잔은 가장 좋은 선물입니다. 특히 예쁜 와인 잔은 집안을 꾸미는 소품의 역할도 합니다. 와인 잔은 아래가 넓고 위쪽이 좁은 모양으로 되어 있어서 아래에서 피어오르는 향을 위로 갈수록 집약하여 더 향을 잘 느끼도록 만들어 줍니다. 이 구조의 각도와 면적을 달리해서 각기 다른 품종의 와인에 딱 맞는 맛을 전해주도록 설계되기도 합니다. 와인 잔은 관리 과정에서 잘 깨지기 때문에 와인을 좋아하는 사람에게 잔을 선물하는 것은 환영받을 확률이 높습니다.

당연히 가격이 중요하겠죠? 예쁘고 깨끗해 보이면 비쌉니다. 사람의 눈은 똑같아서 딱 보기에도 뭔가 아주 균형 잡혀있고 아름다운 자태를 갖고 있는 잔이라면 틀림없이 높은 가격이 책정되어 있을 것입니다. 브랜드도 고객들의 선택에 중요한 영향을 주는데 대표적인 브랜드로는 오스트리아의 리델(Riedel),

슈피겔라우(Spiegelau), 잘토(Zalto) 등이 있습니다. 와인 잔에 있어서는 세계적으로 유명한 회사들이 다 오스트리아에 있다는 점도 특이한 점이라 할 수 있을 것입니다. 가격은 잔 하나에 몇 천 원에서부터 시작해서 10만 원 가까이 하는 잔도 있습니다. 잔은 와인숍에서 함께 판매를 하는 경우가 많은데, 일반적으로는 2개 쌍으로 선물합니다.

리델   슈피겔라우   잘토

[사진 제공: 왼쪽부터 까브드뱅, 나라셀라, 크리스탈 와인]

포장 단위는 6개가 기본인데, 만약 친한 친구에게 가고 포장의 모양에 큰 구애를 받지 않는다면 6개들이 박스로 조금은 저렴한 잔을 선물하는 것도 좋은 방법이 될 수 있습니다. 잔은 부피도 크고 관리도 어렵기 때문에 집에서는 대부분 잔을 박스에 넣어 보관하는 경우가 많습니다. 따라서 박스가 너무 허름하게 생긴 것보다는 견고한 박스에 담긴 와인 잔을 구매합니다.

예산은 잔의 심미적 관점에 따라 천차만별입니다. 다만 최근에는 집안의 소품으로 와인 잔을 구매하는 소비자들도 많이 늘어나고 있기에, 예쁜 잔이라면 큰맘 먹고 두어 개 구매하는 것도 좋은 방법이리라 봅니다.

2. 와인 오프너(소믈리에 나이프)

와인 오프너는 와인을 열어주는 매우 중요한 도구입니다. 요즘은 스크류 캡이 늘어나는 추세이기는 하나 대부분의 유럽 와인들이나 미국 와인들, 특히 고가 와인들은 코르크를 이용한 캡을 사용합니다. 과거에는 T자 모양의 오프너를 썼습니다. 처음 와인 오픈 도구가 특허로 인정된 것은 1795년입니다. 스크류를 계속 돌리면 위로 딸려 올라오는 모양을 하고 있습니다.

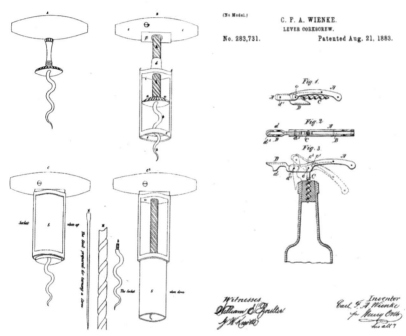

1795년 사뮤엘 핸셀이 특허를 획득한 와인 오프너 구조. [출처: 미국 특허청]

1883년 칼 윙클이 특허를 획득한 와인 오프너

그리고 오늘날 우리가 쓰고 있는 소위 '소믈리에 나이프'라고 불리는 지렛대 형태의 와인 오프너는 1883년 칼 윙클이 만든 것입니다. 사실 이 특허가 지금 우리가 대부분 쓰고 있는 와인 오프너의 가장 기본적인 형태이며 이동과 사용에 가장 편리한 도구로 알려져 있습니다. 다른 지렛대 형태에 비해서 훨씬 수월하고 안정성도 있습니다.

1930년대에는 좀 더 특이한 형태의 오프너가 발명되었습니다. 요즘 마트에 가면 볼 수 있는 양쪽에서 지렛대 형태로 끌어올리는 형태의 와인 오프너지요. 이 특허는 1930년에 획득되었습니다.

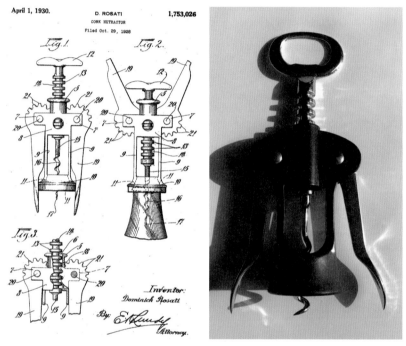

1930년 도미닉 로사티가 특허를 획득한 날개형 와인 오프너
와인 오프너 구조

그만큼 와인을 오픈하는 것은 코르크를 끌어올리는 역사만큼이나 어렵고 시간도 오래된 역사입니다. 그러나 그 덕분에 우리는 지금 편리하게 와인을 오픈할 수 있습니다. 역사가 긴 만큼 명품 와인 오프너도 많이 있습니다. 와인을 구매하면 일반적으로 저렴한 오프너를 하나씩 주지만 내구성이 매우 약하기 때문에 와인을 몇 번 오픈하고 나면 금방 늘어나거나 지렛대 부분이 헐거

워져서 버려야 하는 경우가 자주 발생합니다. 그래서 고급 와인 오프너를 만드는 기업들이 있습니다.

최고급 오프너를 만드는 회사로는 사냥용 칼을 전문적으로 만드는 프랑스의 샤토 라기올(Chateau Laguiole)을 꼽습니다. 모두 수제품으로 만들고 있으며, 매우 견고합니다. 호일을 자르는 커터 역시 매우 날카로워서 초보자용은 아닙니다. 고급 가죽 케이스에 담겨져 있으며 소믈리에들은 이것을 하나 가지는 것을 자신의 영광이나 자랑으로 생각할 정도로 선망의 대상입니다. 가격은 20만 원대 가량으로 싼 가격은 아닙니다.

라기올   풀텍스

실용적인 측면을 생각한다면 풀텍스(Pulltex)의 코르크 스크류가 좋습니다. 가격도 저렴하며 2단으로 오픈 과정이 구분되어 있어서 손힘이 약한 사람도 쉽게 와인을 오픈할 수 있습니다. 가격대도 4~7만 원대인데, 만약 와인을 즐기는 애호가이거나, 와인을 공부하거나 호텔에서 근무하는 친구들이 있다면 이러한 오프너는 좋은 선물이 될 수 있습니다.

3. 디켄터

디켄터의 기본 목적은 침전물이 있는 와인에서 침전물을 걸러내고 깨끗한 와인을 서빙하는 것입니다. 그러나 최근에는 어린 와인을 산소와 많이 접촉시켜서 더욱 멋진 아로마를 만들어내도록 하는 목적도 갖고 있습니다. 디켄터를 통해 향이 더 풍부해진다는 것이 과학적으로는 증명되지 않았지만, 대부분의 와인 애호가들이나 소비자들이 디캔팅된 와인이 훨씬 풍부하고 섬세하며 아름다운 맛을 보여준다고 느낍니다. 산소와 약간 접촉되어 산화되는 과정에서 알코올이 비산되는 것은 과학적인 변화이기는 하지만, 맛이 변하려면 화학적으로 변화가 있어야 하므로 산소에 접촉해 맛이 변했다는 것은 근거가 약한 말입니다. 그런데 맛은 분명히 변화를 보여주니 와인이란 정말로 신기한 술임에는 틀림없습니다.

디캔터는 실용적 모양을 띠고 있는 형태에서부터 미학적 형태를 띠고 있는 것에 이르기까지 매우 다양한 형태를 갖고 있습니다. 기본적으로는 와인의 산소 접촉을 늘려주고 침전물을 걸러준다는 기능에 충실하게 설계되어 있으나 아름다운 디캔터는 보는 이들의 탄성을 일으키게 됩니다. 가격 또한 만만치 않습니다. 디캔터는 와인만큼이나 받는 사람에게 멋진 감동을 줄 수 있습니다. 다만 디캔터는 와인을 잘 아는 사람들에게 선물하는 것이 좋다는 점 잊지 말아 주세요. 관리도 까다로울 뿐만 아니라 그것을 계속해서 쓸 수 있는 사람만이 그 가치를 알아주니 말이죠.

잘토 디캔터 엑시움　　　슈피겔라우 나폴리 디캔터　　　리델 스완 디캔터

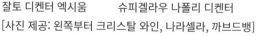
[사진 제공: 왼쪽부터 크리스탈 와인, 나라셀라, 까브드뱅]

4. 저렴하게 구할 수 있는 독특한 도구들

* 와인 진공펌프: 와인 진공펌프는 와인을 마시고 난 뒤에 고무마개를 끼운 뒤, 펌프식으로 산소를 빼서 와인을 좀 더 오랫동안 보관하도록 도와주는 도구입니다. 와인을 많이 마시지 않는 경우에는 이 도구가 매우 유용한데 일반적으로 펌프와 캡 두 개 정도가 기본 세트로 구성됩니다. 캡은 추가로 구매할 수도 있으며 가격도 1만 원 전후반대이기 때문에 선물하기에도 좋고, 부담도 적은 편입니다.

* 와인 랙: 와인 랙은 여러 병의 와인을 효율적으로 올려줄 수 있는 좋은 도구입니다. 조립도 간편하며 가격도 저렴하기 때문에 선물용으로 좋습니다. 다만 박스가 좀 큰 편이기 때문에 선물을 할 때에는 유의할 필요가 있습니다.

* 드랍스탑: 와인을 따르다 보면 꼭 병목에서 흘러내려 라벨을 오염시키는 경우가 종종 있습니다. 그리고 너무 콸콸 따르다가 와인을 너무 많이 내게 되는 경우도 있습니다. 이럴 때 앞쪽에 끼워서 와인을 적정량만 서빙하거나 정밀하게 서빙하도록 도와주는 도구가 드랍스탑입니다. 얇은 은박지 모양으로 생긴 것도 있으며 사은품으로도 많이 사용됩니다. 그 이외에는 앞에 작은 꼭지가 달린 것도 있습니다.

진공펌프   와인 랙   드랍스탑

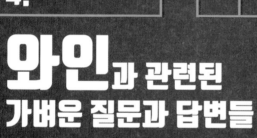

4.

와인과 관련된
가벼운 질문과 답변들

1

와인의 유통기한

냉장고를 열어봅시다. 냉장고에 뭐가 있나요? 아마도 썩은 오이, 유통기한 지나서 무서워서 까 보지 못하는 계란, 언제 온지도 모르는 부모님이 보내주신 김치. 당신은 자신있게 열어 볼 수 있습니까? 자, 그렇다면, 10년 지난 와인은 어떻게 할까요? 냉장고 안의 음식도 믿지 못하는데 10년 지난 와인을 드실 수 있나요? 그러나 와인에는 유통기한이 없습니다.

알코올은 소독 역할도 하기 때문에 세균의 번식을 억제합니다. 위스키 같은 높은 알코올 도수의 술을 수십 년을 지나서도 먹을 수 있는 이유가 바로 세균이 번식하지 못하기 때문입니다. 실제로 제가 운영하고 있는 브런치의 검색 키워드 중 압도적인 1위를 차지하고 있는 것이 바로 와인의 유통기한입니다. 글 랭킹에서도 '와인의 유통기한' 글에 대한 뷰가 4만이면 그 다음 순위는 9천 가량입니다. 그만큼 와인의 유통기한에 대해서는 소비자들의 관심이 매우 높습니다. 그런데 허무하게 유통기한이 없다니 그 이유도 궁금할 것 같습니다.

일반적으로 알코올음료로 통칭되는 술에는 유통기한이 있습니다. 캔이나 병맥주들은 1년, 생맥주는 6개월에 지나지 않습니다. 그래서 수입된 맥주들은 유통기한 내에 팔기 위해서 온갖 노력을 기울입니다. 생막걸리 같은 술은 더욱 짧지요? 유통기한 이내라 하더라도 더운 곳에 두면 내부 발효가 아직 덜 끝난

탓에 부글부글 끓습니다. 위험하지요. 일반적으로 알코올이 20도를 넘게 되면 더 이상 변질되지 않는다고 하는데, 와인의 알코올 도수는 낮게는 7.5도에서 시작해서 높게는 16도 가량입니다. 그럼 상할 것 같은데, 와인 병 뒷면 그 어디를 찾아보아도 생산연도나 병입일자 등은 나와 있으나 유통기한은 없습니다. 이유는 식품위생법에 따라서 탁주나 약주를 제외한 주류는 별도의 기한을 표시하지 않아도 되기 때문입니다. 와인은 여기에 해당되겠지요.

그러나 와인에는 시음적기라는 것이 있으며, 개봉한 뒤에는 급속도로 산화됩니다. 산소는 와인 발효과정에 있어서 적입니다. 산화가 진행되면 효모가 알코올이 아닌 식초를 만들어냅니다. 와인과 식초의 제조공정은 동일한데, 알코올을 만들고 난 뒤에 발효가 계속되면 초산균이 식초를 만들어냅니다. 그래서 우리 주변에는 다양한 식초들이 존재합니다. 그렇다고 와인에서 신맛이 나는 것이 식초가 되어서는 아닙니다. 신맛이나 산의 종류에도 여러 가지가 있으니 말이지요.

와인은 알코올이나 내부의 산 성분 때문에 마셔서 죽는 나쁜 균이 생기거나, 썩지는 않습니다. 맛이 사라질 뿐입니다. 그래서 맛있게 마실 수 있는 기간을 상미기간이라고 합니다. 상미기간은 다음 장에서 이야기 하도록 하고 우선은 일반적인 유통기한들을 좀 살펴볼까 합니다. 우선 우리가 마트에서 구매하는 1만 원 전후반대 레드 와인의 상미기간은 2~3년 가량으로 보는 것이 좋습니다. 3~5만 원대 와인의 레드 와인은 10년까지도 보관이 가능합니다. 다만 출시연도가 몇 년 전이라고 해서 국내에 수입되는 와인이 그 기간 국내에서 있었다는 이야기는 아닙니다.

해외는 와인이 시장에 출시되기 이전에 숙성기간을 법률로 엄격하게 해 두는 경우가 많습니다. 유명한 보르도 와인의 경우 보통 2년 가량 숙성해서 출시합니다. 즉, 이 와인들의 유통기한은 포도원에서 출발한 시점부터인데, 국내에 수입되는 시점도 그에 따라 늦추어지겠죠. 이 글을 쓰고 있는 시점은 2019

년이지만 2017년 와인이 이제야 출시되고, 국내에 수입되는 시기도 2019년 말이 될 확률이 높습니다. 그렇다면 2년의 시간이 지났으니 맛이 나빠질까요? 그렇지 않습니다. 오히려 어린 와인들은 거칠고 숙성되지 않은 맛을 주기 때문에 포도원에서도 시장성이 떨어진다고 판단하여 출시를 미루는 것이라 볼 수 있습니다.

이탈리아의 경우 극단적인 와인들은 포도원에서 3~6년 숙성, 다시 병에 넣어서 6개월~1년 숙성 한 뒤에 출시하도록 엄격하게 규정하는 와인들도 많습니다. 이처럼 포도원, 지역에 따라서 와인의 생산 규정이 매우 엄격하기 때문에 와인의 추정할 수 있는 유통기한을 라벨에 쓰인 연도 기준으로 보는 것은 위험합니다. 그래서 와인은 유통기한보다는 상미기간을 더 중요하게 봅니다. 전문가들은 이 시기를 '시음적기'라는 단어로 표현합니다. 이 '시음적기'는 와인을 마실만한, 가장 맛있게 먹을 수 있는 시기를 의미하는데 대부분의 와인들이 이 '시음적기'를 갖고 있습니다. 물론 바로 마셔야 하는 와인들도 있으나 대부분은 약간의 숙성 이후에 마시는 것이 좋습니다. 그렇다면 다음 장으로 넘어가 '시음적기'를 알아볼까요?

와인 이름(이탈리아)	오크 숙성	병 숙성	합계
키안티		4개월~2년	4개월~2년
키안티 클라시코		12개월	12개월
키안티 클라시코 리제르바	18개월	3개월	21개월
키안티 클라시코 그랑셀렉지오네	24월	3개월	27개월
브루넬로 디 몬탈치노	24개월	4개월	48개월(출시기준)
브루넬로 디 몬탈치노 리제르바	24개월	6개월	60개월(출시기준)
바롤로	18개월	20개월	38개월
바롤로 리제르바	18개월	44개월	62개월
아마로네 델라 발풀리첼라	(전체 포함)		24개월
아마로네 델라 발풀리첼라 리제르바			48개월

이탈리아 와인 출시 시기 및 숙성 규정 리스트

상미기간 – 얼마나 오랫동안 맛있을 수 있나

무엇이든 음식이 가장 맛있을 때가 있습니다. 밥솥에서 지은 밥은 바로 내었을 때가 가장 맛있습니다. 회는 바다에서 잡자마자 가장 맛있다고 하는 사람이 있는 반면 며칠 잘 숙성해야 맛있다고 하는 사람도 있지요. 고기의 경우에도 처음에는 질기고 여러 날의 숙성 기간이 지나야 맛있어진다고 합니다. 치즈는 가장 맛있는 시기가 정해져 있습니다. 숙성되며 맛이 좋아지다가 말미로 갈수록 곰팡이가 증가하여 맛이 떨어집니다.

유통기한을 떠나서 음식이 가장 맛있는 시기를 상미기간이라고 합니다. 모든 음식은 가장 맛있는 시기가 있고, 그리고 그 맛을 유지하는 시기가 있습니다. 당연히 와인도 가장 맛있는 시기가 있겠지요? 그렇다면 와인의 상미기간에 대해서 알아보겠습니다.

와인은 숙성 기간이 있습니다. 포도원에서 처음 만든 와인을 먹어본 적 있는가요? 아마 맛을 본다면 포도즙 그 이상도 이하도 아니고 오히려 거칠고 뻑뻑한 맛에 당황할지도 모릅니다. 대부분의 와인 전문가들은 이 맛을 보고는 와인의 미래도 감안하고 실험실에서 여러 밭의 포도를 섞어서 비율을 조정합니다. 이렇게 만들어진 와인이 병에서 멋지게 숙성되어 우리가 마시는 와인이 되는 거지요.

잠시 옆으로 새어서, 신라면 등 평소 즐겨먹는 라면의 맛을 떠올려 봅시다. 모든 라면에 납품되는 스프 원료의 상태는 매번 제각각입니다. 그런데 이 맛을 동일하게 유지하려면 많은 조정 작업이 필요하다고 합니다. 왜냐하면 매번 재료의 품질이 조금씩 차이가 나는데 그 결과는 같아야 하거든요. 와인의 경우에도 그러합니다. 처음에는 동일한 품질을 낼 수 있도록 만드는 것이 매우 중요합니다. 예를 들어 같은 종류로 와인을 세 병 샀는데, 세 병의 맛이 하나는 매우 좋았지만 두 번째는 그저 그렇고 세 번째는 엉망이었다면 상품으로서 가치가 없겠지요. 때문에 이처럼 같은 맛을 만들어 내는 것 역시 포도원의 양조 책임자가 해야 하는 매우 중요한 역할입니다.

이렇게 한 해에 생산된 포도가 일정한 맛이 나도록 만들면 이 와인은 숙성의 시간을 거치게 됩니다. 그렇다면 이 와인은 얼마나 오랫동안 맛있는 맛을 유지하게 될까요? 우선은 보관 상태에 따라 천차만별이 됩니다. 소주나 위스키, 브랜디, 중국 백주 등 알코올 도수가 높은 술은 보관 상태에 크게 영향을 받지 않지만, 와인은 알코올 도수가 낮기 때문에 주변 상태에 따라 영향을 많이 받습니다. 특히 주재료가 과실의 즙이지요. 집에 포도를 1달간 그대로 두어 본다고 생각해볼까요? 그 상태는 상상하기도 싫습니다. 파리가 끓고 곰팡이가 생기겠죠. 와인은 과실(포도)의 즙 100%로 만들어졌고, 그 과실의 즙은 알코올과 당분과 신맛의 조화 속에서 자신만의 생명력을 인정받습니다.

상미기간이 긴 와인은 일반적으로 처음에 신맛이 많이 강한 편에 속합니다. 식초가 상하는 걸 보았나요? 신맛은 와인의 변질을 막아주는 가장 중요한 요인입니다. 그러나 신맛이 강해지면 식초가 됩니다. 그래서 신맛은 와인에 있어 양날의 칼과 같습니다. 그렇다면 신맛을 유지하면서도 시지만은 않게 느껴주는 방법은 뭐가 있을까요? 바로 단맛입니다. 단맛이 일부 남아 있으면 신맛을 상쇄시켜 줍니다. 신맛은 그대로 남아있으면서도 말이지요. 좋은 와인일수록 이러한 균형과 구조감이 좋습니다. 또한 오래될수록 좋은 맛을 보여주는 경우가 많습니다.

그렇다면 와인의 가격과 상미기간의 관계는 어떨까요? 이는 포도원의 철학에 달려 있는데 꼭 비싸다고 상미기간이 길고, 싸다고 상미기간이 짧은 것은 아닙니다. 일반적으로 화이트 와인은 상미기간이 짧습니다. 어지간한 화이트 와인은 10년 넘은 것은 마시지 않는 것이 좋습니다. 정성을 들인 고가의 화이트 와인은 10~20년까지 너끈하게 가기는 하지만 화이트는 화사하고 밝은 시절의 느낌을 즐기는 것이 더 좋습니다. 그러니 마트에서 화이트 와인을 사려는데 연도가 오래된 것과 최근 것이 있다면 최근 것을 사세요. 가격이 3~4만 원 아래라면 말이죠.

레드 와인의 경우에는 조금 다릅니다. 숙성 시기에 따라서 상미기간이 30~40년 가까이 가는 경우도 있습니다. 그렇지만 우리가 주로 접하는 3~4만 원 미만의 와인이라면 3~4년 가량 지났을 때부터 맛있어집니다. 그 이후 4~5년 가량 더 맛있는 상태를 유지합니다. 단, 조건이 있는데 서늘하고 그늘진 곳에 있어야 한다는 것입니다. 특히 화이트의 경우에는 직사광선에 노출될 경우 색상이 침착될 수 있기 때문에 절대적으로 직사광선은 피하여 보관해야 합니다. 어느 경우든 빛과 산소는 와인의 상미기간에 치명적인 영향을 줍니다.

고가의 와인이고 프랑스 보르도 지역에서 나온 와인이라면 상미기간이 춤을 춥니다. 처음에는 어리다가 몇 년이 지나면 갑자기 1만 원짜리 와인보다 맛이 없어지는 시기가 있습니다.(물론 과학적으로 증명되는 것은 아니지만 많은 전문가들의 증언이 비슷하게 일치합니다.) 이 시기는 짧게는 1~2년에서 길게는 10년 가까이 간 뒤 서서히 맛이 좋아집니다. 이런 와인은 30~40년 뒤에 마셔야 하는 와인이지요. 그렇다면 이런 생각이 들 겁니다. 30~40년 뒤에 마실 와인을 왜 지금 사냐고 말이죠.

여러 가지 이유가 있겠으나 수집의 관점에서 구매하는 경우도 있고 자식에게 물려주기 위해 구매하기도 합니다. 다만 최근에는 양조 기법이나 시장의 요구에 따라서 포도원들도 점차로 이렇게 바로 마시기에 어려운 와인은 지양하는 방향으로 와인을 만들고 있습니다. 처음에 떫은맛보다는 과실 향이 풍부하게 올라오는 와인을 만들어서 어린 상태에서도 마시기에 좋은 와인을 만들고 있지요. 그러나 기억하세요. 와인도 가장 맛있는 시기가 있다는 점 말이지요.

생산년도 이후 경과 시간

종류	가격대	구분	1	2	3	4	5	6	7	8	9	10	11	12	13	14	15	20	30
화이트	1만 원 미만	맛있는 기간	▶	▶															
		보관 기간	▶	▶	▶														
	1만 원대	맛있는 기간	▶	▶															
		보관 기간	▶	▶	▶														
	2만 원대	맛있는 기간	▶	▶	▶														
		보관 기간	▶	▶	▶	▶													
	3~4만 원대	맛있는 기간		▶	▶	▶													
		보관 기간	▶	▶	▶	▶													
	5~8만 원대	맛있는 기간		▶	▶	▶	▶												
		보관 기간	▶	▶	▶	▶	▶	▶	▶										
	9~12만 원대	맛있는 기간			▶	▶	▶	▶											
		보관 기간	▶	▶	▶	▶	▶	▶	▶	▶	▶	▶							
	그 이상, 최고급	맛있는 기간			▶	▶	▶	▶	▶										
		보관 기간	▶	▶	▶	▶	▶	▶	▶	▶	▶	▶	▶						
레드	1만 원 미만	맛있는 기간	▶	▶															
		보관 기간	▶	▶	▶														
	1만 원대	맛있는 기간		▶	▶														
		보관 기간	▶	▶	▶	▶													
	2만 원대	맛있는 기간		▶	▶	▶													
		보관 기간	▶	▶	▶	▶	▶												
	3~4만 원대	맛있는 기간		▶	▶	▶													
		보관 기간	▶	▶	▶	▶	▶	▶											
	5~8만 원대	맛있는 기간			▶	▶	▶	▶	▶										
		보관 기간	▶	▶	▶	▶	▶	▶	▶	▶	▶								
	9~12만 원대	맛있는 기간					▶	▶	▶	▶	▶	▶	▶						
		보관 기간	▶	▶	▶	▶	▶	▶	▶	▶	▶	▶	▶	▶	▶				
	그 이상, 최고급	맛있는 기간							▶	▶	▶	▶	▶	▶	▶	▶	▶	▶	
		보관 기간	▶	▶	▶	▶	▶	▶	▶	▶	▶	▶	▶	▶	▶	▶	▶	▶	▶

코르크를 따는 법

1. 호일은 어디까지 벗겨야 하나

와인은 위쪽에 호일이 있습니다. 호일의 어디를 자르냐에 대해서는 논쟁이 많은데, 정답은 없습니다. 이 글을 쓰는 저는 일반적으로 위로 쭉 밀어 올려다 벗겨버리기 때문입니다. 중점은 호일은 병의 위쪽 부분에서 맨 위만 둥글게 따느냐, 아래 부분을 따느냐 하는 것입니다.

맨 위 자르기

병목 아래 자르기

일반적으로는 병목에서 튀어나온 부분 아래를 따는 것이 보편적입니다. 일단은 호일을 벗길 때 이 부분을 따야 그나마 안전하고 빗나가지 않습니다. 다음으로는 모양상으로도 나쁘지 않습니다. 만약 맨 위쪽 부분에서 호일을 벗기려면 꽤나 날카롭고 좋은 소믈리에 나이프가 있어야 하는데 손을 다치기가 쉽습니다. 다행히도 요즘은 호일 컷터라는 도구가 있습니다. 이 도구를 쓰면 맨 위쪽 부분만 예쁘게 자를 수 있습니다.

호일 컷터

만약 와인이 새어나와서 호일에 다 엉겨붙은 경우에는 전체 호일을 다 벗겨내는 것이 좋습니다. 그리고 깨끗한 천으로 주변을 닦아주는 것이 좋습니다. 변질되거나 세균이 번식했을 수도 있기 때문입니다. 물론 코르크가 와인을 보호해주기 때문에 안의 내용물은 안심해도 좋습니다.

2. 초기 상태 확인하기

조금 전 이야기한 바와 같이 코르크를 위에서 보면 완벽하게 나무 색상인 경우도 있지만 이물질이 끼어 있거나 무엇인가 새어나온 경우를 볼 수도 있습니다. 이때는 몇 가지 상태를 가정할 수 있습니다. 알코올은 끓는점이 78도로 물에 비해 낮습니다. 그렇기 때문에 열에 노출되면 상대적으로 부풀어 오릅니다. 특히 더운 여름날 차 안에 둔다는 것은 알코올이 끓는점까지 온도가 오를 수 있다는 이야기입니다. 서늘한 곳에 보관했는데도 새어나온 와인이 있다면 열에 노출되어 이미 새어나왔던 와인일 가능성이 높습니다. 이때는 와인의 품질이 크게 낮아집니다. 상한 것은 아니지만 완벽하게 제대로 된 맛을 느낄 수는 없습니다.

첫 번째는 20년, 두 번째가 19년 된 것, 세 번째가 10년 된 와인의 코르크입니다. 네 번째
는 9년 되었지만 코르크가 아주 좋은 상태입니다. 맨 오른쪽은 최근의 것입니다.

두 번째로는 코르크의 옆면을 보는 것입니다. 와인과 닿은 면에 묻은 와인
이 거의 없다면 만든 지 오래되지 않은 와인입니다. 레드 와인인데 이 부분에
진하게 와인이 묻어 있고 무엇인가 층이 씌워져 있다면 포도원에서 뉘어서 숙
성을 시킨 뒤 출시한 것이거나 구매하기 전까지 뉘어서 보관한 와인입니다. 손
에 묻혀보거나 휴지에 문질러보면 됩니다. 접촉된 면이 와인을 보호해주어서
숙성 상태가 좋은 것으로 볼 수 있습니다.

또한 코르크가 젖어서 올라간 경우가 있습니다. 이 경우에도 와인이 코르
크에 스며들어서 부풀어 올라 더 확실하게 와인을 보관해주는 경우입니다. 물
론 병을 뉘어두어야 이러한 상태가 되겠지요. 고가의 와인인 경우에는 이렇
게 보관하면서 와인이 약간 새어 나오는 경우도 있습니다. 물론 품질에는 문
제가 없습니다.

일반적으로 스크류 캡으로 되어 있는 와인은 이러한 현상이 발생하지 않
습니다. 열에 노출되어 변질되는 경우 이외에는 품질에 문제가 거의 없죠. 호
주의 경우에는 고가의 와인도 스크류 캡으로 생산하는 경우가 많은데, 오히려
품질을 보존하기에는 스크류 캡이 더 낫다고 알려져 있습니다. 하지만 통계로
조사된 적은 없으나, 수입사들의 이야기를 들어보면 한국 소비자들은 절대적
으로 코르크를 선호한다고 하는군요. 그래서 해외에서 와인을 수입할 때 코르
크 여부를 꼭 확인한다고 합니다.

3. 오프너의 종류별 와인 병 따는 법

와인을 따는 오프너는 여러 가지가 있습니다. 가장 고전적인 것은 스크류와 손잡이만 달린 T자 모양의 오프너입니다. 그러나 한 쪽에 지렛대 형태로 된 오프너가 있는데 일반적으로 소믈리에 나이프라고 부릅니다. 그리고 힘을 덜 주기 위해서 양쪽에 지렛대 형식으로 된 것이 있는데 가정집에도 많이 구비해 두는 오프너입니다. 각각에 대해서 알아볼까요?

* T자 형태 : 힘이 대단히 많이 들어갑니다. 여성의 힘으로는 쉽게 뽑기 어려울 정도로 꽉 끼워진 경우가 많습니다. 남자들도 손으로 그냥 따기에는 꽤나 큰 힘이 들어갑니다. 우선은 스크류를 찔러 넣는데 가급적 끝까지 넣습니다. 다음으로 천천히 돌리듯이 뒤로 당깁니다. 전혀 움직이는 기색이 없다면 병을 무릎이나 발 사이에 끼우고 당깁니다. 뻥 소리가 나면서 따지는 경우도 있는데 이때 와인이 압력에 따라 밖으로 튈 수 있으니 주의해야 합니다.

* 지렛대 형식 : 소믈리에 나이프라고 불리며 가장 많이 쓰이는 방식입니다. 가장 중요한 요령은 스크류를 맨 안쪽까지 넣는 것입니다. 대개 와인을 오픈하다가 실패하는 경우는 이 스크류를 맨 끝까지 넣지 않아서 발생하는 경우가 많습니다. 스크류를 맨 끝까지 넣고 난 뒤에 오프너의 지렛대 부분을 병 끝에 걸치고 손으로 꼭 쥡니다. 1단짜리의 경우 힘이 좀 더 많이 들어가며, 2단짜리의 경우 힘이 좀 덜 들어갑니다. 요즘은 대부분 2단짜리 오프너를 사용합니다만 고급 제품(프랑스 수제 오프너 등)의 경우에는 1단인 경우가 많습니다. 만약 이 지렛대 형식을 이용하여 열다가 문제가 생기면 다음 장, <코르크가 부러졌을 때 긴급조처>를 읽기 바랍니다.

① 소믈리에 나이프의 위쪽에서 컷터로 아래를 그어줍니다.

② 옆 부분을 긁어내어 호일 윗부분을 걷어냅니다.

③ 코르크 스크류를 돌려서 밀어 넣습니다.

④ 반드시 스크류를 끝까지 밀어넣으세요.

⑤ 지렛대를 걸고 서서히 올립니다.

⑥ 아래 손을 꽉 쥔 상태로 지렛대를 밀어올립니다.

* 양쪽 지렛대 형식: 양쪽 지렛대 형식의 경우에도 가장 많이 하는 실수가 끝까지 밀어 넣지 않는 것입니다. 특히 코르크가 반 정도 올라온 상태에서 다시 스크류를 돌리면 코르크가 병위에서 헛돌면서 스크류가 더 안 들어가는 경우도 자주 발생합니다. 그 덕분에 오프너로 와인을 오픈하다가 코르크가 부러지거나 안으로 깊이 들어가기도 하지요. 그렇기 때문에 반드시 끝까지 밀어 넣고 지렛대가 완전히 스크류 옆에 붙을 때까지 밀어 넣는 것이 중요합니다. 지렛대로 올릴 수 있을 때까지 올린 뒤에도 코르크가 완전히 올라오지 않았으면 불가피하게도 있는 힘을 다 해서 뽑아내는 수밖에 없습니다. 양쪽 지렛대 형식이 힘을 덜 쓸 것처럼 보이지만, 실제로 써보면 소믈리에 나이프가 훨씬 유용하다는 것을 알 수 있게 됩니다.

① 오프너를 끼웁니다.　② 반드시 스크류를　③ 지렛대가 차렷 자세　④ 전체를 잡고 당겨
　　　　　　　　　　　끝까지 넣으세요.　　　를 하게 해주세요.　　　주면 됩니다.
　　　　　　　　　　　지렛대가 확실하
　　　　　　　　　　　게 '만세'할 때까
　　　　　　　　　　　지입니다.

4. 스파클링 와인 따기

상단이 철사로 묶여져 있는 병의 경우에는 따기가 좀 어렵습니다. 그리고 반드시 유의해야 하는 점은, 엄지손가락으로 위쪽을 꼭 막고 있어야 한다는 것입니다. 스파클링 와인은 프로일수록 개봉할 때 소리가 적게 납니다. 스파클링 와인을 잘 따는 방법은 위쪽 코르크를 돌리는 것이 아니라, 위쪽 코르크를 잡고 병의 아래를 손으로 천천히 돌리는 것입니다. 돌아가는 느낌이 들면 내부에서 공기압이 올라오는 느낌이 듭니다. 그대로 돌리면 소리가 크게 나기 때문에 손 안쪽이나 바깥쪽으로 비틀듯이 돌리며 힘을 강하게 줍니다. 힘을 많이 줄수록 소리는 적게 납니다. 내부 압력에 밀리면 큰 소리가 나면서 거품이 새어나올 수 있습니다.

참고로 스파클링 와인은 반드시 차게 하고, 병을 안정된 상태에서 보관한 뒤에 따는 것이 좋습니다. 콜라나 사이다도 흔들리는 곳에서 이동하다가 개봉되면 펑하고 거품이 피어나지요. 스파클링 와인도 그러한 현상이 일어날 수 있으므로 차게, 안정된 상태로 두는 것이 좋습니다.

만약 이러한 소리가 두렵다면, 수건이나 천을 코르크에 덮고 열면 상대적으로 두려움이 줄어듭니다. 지금까지 수없이 많은 스파클링을 따 보았지만 아직도 스파클링은 철사를 풀 때 긴장합니다. 언제 뻥 하고 소리가 날지 모르니 말이지요.

① 호일을 벗겨냅니다.

② 옆 부분을 긁어내어 호일 윗부분을 걷어냅니다.

③ 이때 손으로 위를 꼭 잡아 주어야 합니다.

④ 그 상태로 병의 위와 아래를 각각 잡습니다.

⑤ 천천히 아래를 돌려줍니다. 힘이 느껴지면 조심스럽게 코르크를 비틀어 줍니다.

⑥ 안전하게 오픈된 결과입니다.

코르크가 부러졌을 때 긴급조처

우리나라 소비자들은 코르크에 대한 선호도가 무척이나 높습니다. 통계적으로 증명되지는 않지만 많은 수입사 담당자들과 이야기하다 보면 고객들은 와인이 반드시 코르크로 막혀 있어야 한다고 생각한다고 합니다. 스크류 캡으로 된 것은 저렴한 것이거나 품질이 떨어지는 것이라고 흔히 생각하지요. 그러나 이것은 잘못된 생각입니다. 오히려 스크류 캡이 와인을 더 오랜 시간 신선하게 보존할 수 있다고 알려져 있습니다. 코르크로 병을 막아두면 미세한 산소가 와인 속에 들어가서 더 숙성이 잘 된다고 하는데, 이 또한 잘못된 상식입니다. 코르크도 와인을 완전하게 격리시킵니다. 이렇게 와인을 보존하던 코르크는 와인을 열 때 마지막으로 생명을 다 합니다.

코르크는 가격도 다양하고 종류도 다양합니다. 숙성될수록 코르크와 와인이 닿는 표면의 색상도 변하고 와인이 스며든 형태도 바뀝니다. 두 번째의 경우가 오래된 코르크인데, 잘 부러질 수 있습니다.

정확한 것은 아니지만 일반적으로 코르크의 수명은 30년 정도로 알려져 있습니다. 이 정도를 넘기게 되면 코르크에 와인이 지속적으로 침투하여 물러지게 되고 결국 와인 자체에도 나쁜 영향을 주는 것으로 알려져 있습니다. 그렇다면 오래된 와인들은 어떻게 해야 할까요? 호주의 유명한 포도원인 펜폴즈(Penfolds)의 경우에는 자사의 최고급 와인인 그란지(Grandge) 소유 고객들을 상대로 정기적으로 코르크를 변경해주는 이벤트를 하고 있습니다. 최고의 와인이 최고의 상태를 유지하게 도와주는 셈이지요. 그러나 이런 경우가 아니면 코르크는 와인을 보호하기 위해 거의 와인에 젖게 됩니다.(20~30년 걸립니다. 이 이전이면 안심하고 따도 괜찮습니다.)

와인을 개봉할 때 운이 나쁘게도 여러 가지 원인으로 코르크가 부러지기도 합니다. 몇 가지 사례를 들어보겠습니다.

* 뽑다가 반만 나오는 경우: 가장 흔한 경우입니다. 코르크의 하단은 젖어 있는데 위쪽은 굳은 경우, 그 사이가 힘이 없어 위쪽만 뜯겨 나오기도 합니다. 오프너를 끝까지 밀어 넣지 않은 경우에도 이러한 현상이 자주 발생합니다. 이 이외에도 코르크가 너무 말랐거나 너무 젖은 경우에도 그렇습니다. 마른 코르크는 가운데 힘이 없어서 찢겨져버립니다.

* 코르크의 가운데만 따라 나오는 경우: 아마 최악인 경우라 보아야 할 텐데요. 코르크가 와인과 오래 접촉하다보면 유리병의 안쪽 면과 코르크 사이에 와인이 스며들고 그대로 말라버리기도 합니다. 이 경우 코르크와 병이 붙어버리고 약간 젖은 코르크를 무리해서 빼면 가운데만 딸려져 나옵니다. 최악 중의 최악이지요.

부서진 코르크

이러한 긴급상황이 되었을 때에는 다음과 같은 과정을 거치시기 바랍니다.

1단계 조처

1) 오프너의 스크류를 최대한 끝까지 밀어 넣는다: 중간에 코르크가 뜯어지는 경우는 스크류를 적당한 깊이까지만 넣어서입니다. 오프너를 쓸 때에는 스크류가 보이지 않을 때까지 끝까지 밀어 넣어야 합니다. 많은 사람들이 이 기준을 잘 지키지 않습니다. 양쪽으로 지렛대가 있는 오프너 역시 끝까지 돌려 밀어 넣어야 합니다.

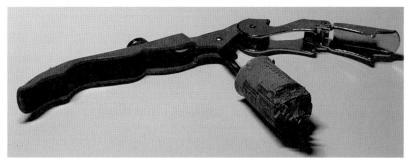

잘못 밀어넣은 오프너

2) 천천히 돌리며 뽑아낸다: 일반적으로 와인이 병 주변으로 늘어 붙어서 생기는 현상이므로 오프너의 스크류가 끝까지 들어가면 코르크가 약간 돌아가는 느낌이 듭니다. 이렇게 되면 코르크가 벽면에 붙지 않아서 천천히 올라오게 됩니다.

2단계 조치

이거 참 큰일 났습니다. 앞의 과정을 따랐는데도 오프너가 올라오지 않습니다. 이 경우에는 일단 오프너를 다시 역순으로 해서 스크류는 빼는 것이 좋습니다. 조심스럽게 빼내야 하겠죠. 만약 중간에 부러진 부분이 있다면 부러진 부분까지만 뽑아냅니다.

1) 아소가 있다면 아소를 활용한다: 아소라는 오프너가 있습니다. 가운데 구멍을 뚫지 않는 특이한 오프너인데, 주로 오래된 포도주를 열 때 씁니다. 그러나 잘못 하면 코르크가 안으로 밀려 들어가는 경우도 있습니다. 이때에는 스크류를 먼저 박아넣고 그다음으로 아소를 양쪽으로 끼워주는 방법을 씁니다.

아소와 오프너를 함께 쓰는 모습

2) 만약 아소가 없다면 대각선으로 뽑는다: 만약 아소가 없을 경우 뜯어진 부분의 힘은 이미 없어졌기 때문에, 대각선으로 오프너를 찔러 넣습니다. 매우 조심스럽게 찔러넣어야 합니다. 반드시 스크류를 끝까지 밀어 넣은 다음 살짝 당겨봅니다. 코르크가 나오는 느낌이 들면 천천히 들어 올립니다. 그러나 힘이 느껴지지 않으면 다른 방향으로 다시 넣어봅니다.

3) 만약 코르크가 구멍이 뚫리면 밀어 넣는다: 최악의 경우이지만 마지막 부분이 도저히 나올 방법이 없으면 코르크를 밀어 넣습니다. 코르크를 건져내는 도구도 있지만 대부분은 이런 도구를 갖고 있지 않습니다. 코르크를 밀어 넣으면 처음에는 와인이 잘 나오지 않지만 어느 정도 따르면 잘 나오기 시작합니다. 이때에는 고운 체가 하나 있어야 합니다. 체에 걸러 와인을 디켄터 혹은 다른 병에 옮겨 담은 다음 마시는 것이 좋습니다.

2단계 조처까지 가지 않도록, 와인을 오픈할 때에는 오프너의 사용법을 정확하게 알고 있는 것이 좋습니다. 정확한 사용법을 알고 있으면 코르크가 부러지는 일은 잘 없습니다. 그러니 와인 오프너의 사용법은 항상 숙지해두기 바랍니다. 첫째, 반드시 스크류를 끝까지 밀어 넣을 것, 둘째, 무리해서 뽑으려 하지 말 것입니다.

먹고 남은 와인 처리하기

　와인을 마시다가 냉장고에 넣어두면 마음이 초조해집니다. 맛이 떨어지지나 않을까 하는 마음이지요. 성 구분을 하는 것은 아닙니다만 남성들에게 물으면 일반적 답변이 "남는 와인이 어디 있습니까, 까면 다 마셔야죠.", "남은 와인은 그 다음날 다 마시므로 큰 걱정 없습니다", "한 달 지나서 냉장고에 남은 와인이 있어 마셨는데 마실 만 해서 다 마셨습니다" 등의 반응이 돌아옵니다. 여성들은 조금 다릅니다. 여성은 남성에 비해서 후각이 훨씬 발달해 있습니다. 관능검사로 밝혀진 바에 의하면 20대 후반의 여성이 가장 섬세한 후각과 미각을 갖고 있다고 하지요. 그래서 여성은 남은 와인에 대해 매우 민감합니다. "다음날 되니 향에서 신 느낌이 나더라고요", "며칠 지나니 식초 느낌이 났어요", "다음날 마시니 향은 다 사라지고 떫은맛만 나더라고요" 등등의 대답이 돌아옵니다.

　사실 여성의 반응이 정확한 것입니다. 병 안에 그만큼의 산소가 들어가고, 산소는 와인의 산화를 촉진시킵니다. 좋은 와인일수록 이러한 산화에 잘 견딥니다. 내추럴 와인의 경우에는 오히려 산화를 반기기 때문에 산화 과정에서 더욱 더 좋은 맛을 만들어내고 이러한 과정이 1~2주일 가량 걸리는 경우도 많습니다. 산소와 접촉하면서 포도에서 더 좋은 발효 느낌이 나는 것이지요. 그러나 대부분의 와인은 산소와 접촉할수록 맛이 떨어지기 마련입니다. 그래서 남은 와인은 다음과 같은 방법으로 처리하는 것이 좋습니다.

* 진공펌프 활용하기

일반적으로 남은 와인은 코르크를 거꾸로 꽂아서 보관하는 경우가 많습니다. 스크류 캡인 와인은 그냥 스크류만 닫아버리면 그만이지요. 그러나 산화를 막을 수 없습니다. 이때 추천하는 것이 진공펌프인데, 와인숍에 구비된 여러 와인 도구 중 하나입니다. 와인 병 내의 산소를 뽑아내어주는 도구지요. 이 펌프를 이용하면 마실 수 있는 기간을 며칠 더 늘려줄 수 있습니다. 사용법도 간단하기 때문에 와인바나 레스토랑에서 잔으로 와인을 판매하는 경우에도 많이 활용합니다. 일반적으로 진공펌프를 이용하면 본래의 맛을 3~5일 가량 지속시켜줄 수 있습니다.

* 고급 장비들을 활용하기

요즘은 와인의 상태를 유지하기 위해서 고급 장비들이 나옵니다. 대표적인 것이 길게 바늘 모양으로 찔러서 와인을 마셔볼 수 있는 코르뱅이라는 미국에서 개발된 도구입니다. 코르크에 길게 찔러 넣어 와인을 뽑아내며 남은 공간은 질소가스로 충전합니다. 그러나 이 도구의 아쉬운 점은 국내에 아직 정식 수입이 되지 않고, 충전가스 역시 항공운송이 불가능하다는 것입니다. 그러나 해외에 방문한다면 이러한 도구는 좋은 선택이 되겠지요.

* 글뤼바인 만들기

레드 와인인 경우에는 계피, 오렌지, 설탕을 넣고 낮은 불에서 푹 끓이면 글뤼바인이 됩니다. 꼭 한약같은 맛이 나는데, 겨울이 습하고 추운 유럽에서는 이 글뤼바인을 마신다고 합니다. 특히 글뤼바인은 알코올이 상당 부분 날아갔기 때문에 아이들도 마실 수 있습니다. 맛은 어떻냐고요? 아주 맛있다고 할 것은 아니지만 여러 사람이 겨울에 모이면 한 잔 정도 뜨끈하게 몸을 데우는 방법으로는 좋다고 할 수 있습니다.

글뤼바인 레시피

- 재료

와인 1병, 오렌지 1개, 계피 막대 2개, 설탕 1/4컵, 정향/팔각(없어도 무관), 물 3/4컵

- 만드는 방법

1) 먹다 남은 레드 와인을 준비합니다.
2) 오렌지는 반조각을 냅니다. 강판에 껍질을 갈아 오렌지 제스트를 만듭니다.
3) 물과 설탕을 넣고 끓입니다. 설탕이 녹고 나면 불을 낮춘 뒤, 오렌지 제스트와 향신료들을 모두 넣습니다. 약간 졸아들도록 둡니다.
4) 불을 아주 약하게 낮춘 뒤 와인을 붓고 뭉근하게 끓입니다.
5) 밥솥에서 보온 상태로 가열해도 좋습니다.

* 샹그리아 만들기

품질이 좀 낮은 와인의 경우에는 샹그리아를 만듭니다. 일반적으로 레드 와인을 사용합니다. 스페인에서 유래가 되었는데, 병에다 와인을 반 이상 채우고 오렌지 주스, 그리고 사이다나 스파클링 워터를 넣은 후, 여기에 오렌지나 자몽, 레몬 등을 담급니다. 차게 해서 마시는 것이 좋은데 설탕을 넣어도 좋고 체리 주스 등 기호에 따라서 편안하게 넣을 수 있습니다. 칵테일처럼 마시는 와인이기 때문에 술을 많이 못 마시는 이들도 즐겁게 마실 수 있고 파티에 특히 좋습니다.

샹그리아 레시피

- 재료

가벼운 와인(레드 혹은 화이트) 1병, 신선하고 숙성된 과일(딸기, 키위, 사과, 오렌지 등), 브랜디(약간의 알코올 도수가 있는 술) 반 컵, 메이플 시럽 1~2스푼

- 만드는 방법

1) 과일은 잘게 썰어주세요.
2) 와인에 브랜디와 메이플 시럽 약간, 숙성된 과일들을 넣고 잘 섞어줍니다. 맛을 보면서 시럽이나 브랜디의 양을 기호에 맞게 조절합니다.
3) 여름에는 청량감을 주기 위해서 스파클링 워터를 함께 넣어도 좋습니다.

* 화장수 만들기 혹은 욕조에 풀기

이 방법은 화이트 와인으로 하는 것이 좋습니다. 화장솜으로 남은 화이트 와인을 얼굴에 바르고 다시 씻어냅니다. 잔당이 남은 와인은 얼굴을 끈적하게 만들기 때문입니다. 일반적으로 와인 안에는 피부에 좋은 성분들이 많다고 알려져 있습니다. 프랑스의 유명한 화장품 생산자인 코달리(Caudalie)의 경우 보르도의 유명한 포도원인 스미스 오 라피트(Smith Haut Lafite)와 관련이 있습니다. 남은 레드 와인은 욕조에 풀고 목욕을 해도 좋습니다. 단, 오래된 와인의 경우입니다. 지금 마실 수 있는 와인은 피부보다는 입에 양보하세요.

내추럴 와인 이야기

'자연주의', '자연에 의한', '천연'. 이런 단어를 들으면 어떤 느낌이 드나요? 깨끗하다, 때 묻지 않았다, 저자극이다, 인위적인 것을 넣지 않았다 등의 이미지가 떠오를 것 같습니다. 와인을 만드는 방법에 있어서도 바로 이런 '자연주의'를 지향하는 와인들을 통칭하여 '내추럴 와인'이라고 범주화하고 있습니다. 사실 논란이 많은 영역입니다. 일단 지금 와인도 포도 100%에 효모를 써서 만드는데 자연주의가 아니냐고 강변할 수도 있겠지요. 어떤 평론가들은 '내추럴 와인은 상업적으로 차별점을 두기 위해 만든 단어일 뿐'이라고 하는 경우도 있습니다. 그러나 명백한 것은 내추럴 와인이 하나의 트렌드의 핵심이라는 점이며, 생산자들의 철학 또한 명확합니다.

그런데 정확하게 이야기하자면 천연 효모라는 말도 이상한 말입니다. 인간이 인위적으로 화학물질을 섞어서 효모를 만들어낼 수는 없기 때문입니다. 모든 효모는 자연에서 발생한 것을 인간이 특수하게 배양한 것들입니다. 그러나 출발점은 생명체지요. 즉 천연 그 자체입니다. 그래서 천연 효모라는 말 자체에 어폐가 있습니다. 그렇다면 이 내추럴은 뭐라고 정의를 해야 할까요? 포도가 원래 낼 수 있는 힘을 최대한 끌어내도록 포도를 정성스럽게 가꾸고, 깨끗하게 와인을 만들게 되면 자연스럽게 좋은 와인이 된다는 것입니다.

농장을 생각해볼까요? 어떤 농부는 제초제를 뿌려서 잡초를 한 번에 제거하고, 어떤 농부는 매일 들에 나가서 잡초를 제거한다고 가정해 보겠습니다. 그런데 두 번째 농부는 잡초를 다 제거하지도 않습니다. 물어보니 잡초를 다 제거하면 작물의 자생력이 떨어져서 안 되고, 적절하게 잡초와 공존하게 만들어야 한다고 말을 합니다. 어찌 들으면 맞는 말 같기도 하고, 어찌 들어보면 신선이 하는 이야기 같기도 합니다. 내추럴 와인을 만드는 생산자들은 이 두 번째 농부처럼, 자연과의 조화를 강조합니다.

실제로, 와인을 만드는 산업은 대단한 오염산업이기도 합니다. 양조하고 난 뒤의 스테인리스 발효조는 곰팡이가 조금이라도 있으면 모든 와인을 버리기 때문에 강한 세제와 많은 물을 이용하여 세척해야 합니다. 수확한 포도를 1차적으로 선별, 세척하는 데에도 많은 물이 사용됩니다. 또한 대량 생산을 위해서는 천연 농약이라고는 주장하나 농약도 상당히 살포되며(포도 농장에서 우주복 같은 방호복을 입고 농약을 뿌립니다), 양조 과정에서 여러 가지 화학물질이 허용되기도 하지요. 오염된 화학물질은 토양에 스며들어 식물을 병들게 하고 생산품에 스며들어 인간의 건강을 위협하기도 합니다. 이런 부분에 반기를 들고 와인의 생산 과정 전반에 일련의 인공적인 행위들을 최소화하는 와인이 내추럴 와인입니다.

내추럴 와인은 인위적인 개입을 최소화하는 대신, 청결해야 합니다. 청결해야 오염되지 않고, 늘 밭 주변을 깨끗하게 관리해야만 제대로 된 와인이 만들어집니다. 그래서 내추럴 와인은 몇 가지 특징이 있습니다. 첫째, 생산량이 많지 않습니다. 최소한의 관리만으로 포도를 기르고 수확하려면 생산자가 관리할 수 있는 수준으로만 포도원을 가꿔야 합니다. 둘째, 가격이 저렴하지 않습니다. 생산량이 많지 않으나 기본적인 비용들(수확 인건비 등)은 들어가야 하고, 포도를 매우 조심스럽게 선별하기에 병당 단가가 많이 올라갑니다. 셋째, 해마다 맛이 차이가 납니다. 자연 그대로의 상태를 보여주려 하기 때문에 연도별 차이가 많이 나고, 맛이 생산자가 생각하는 기준에 미치지 못하면 아예 생산을 포기하기도 합니다. 넷째, 병마다 맛이 약간씩 다를 수 있습니다. 병입된 와인 자체가 살아있는 생명체라고 생각하는데, 병마다 약간씩 맛이 다른 경우가 나타납니다. 품질의 문제라기보다는 다 같은 쌍둥이라도 성격이 다른 경우라 할까요? 다섯째, 경우에 따라 변질을 막기 위해 약간의 탄산을 주입합니다. 일반적으로는 이산화황이라는 산화방지제를 넣지만 이는 와인을 죽이는 것이라 생각하여 대신 산소를 배제하고 이산화탄소를 넣어둡니다. 그래서 약간의 발포 느낌이 나지요. 여섯째, 법규정을 지키지 않는 경우도 많기 때문에 와인의 산지를 제외하고는 세부적인 정보를 알기 어려운 경우가 많습니다. 생산지는 명확하게 지켜져야 하고 생산국가의 법규도 엄격하기 때문에 이 부분은 명확하게 기재해두지만, 나머지는 자신들이 생각하는 철학대로 만들어 판매합니다.

이 때문에 이 글을 쓰고 있는 저도 내추럴 와인 생산자들에 대해서 많이 알지 못합니다. 생산량이 적고, 구하기도 어려우며, 가격도 높기 때문입니다. 그러나 이러한 희소성과 인위성이 배제된 특징으로 트렌디한 소비자들로부터는 많은 각광을 받고 있습니다. 생산자가 수출에도 관심을 많이 두지 않고 마을 내 소비 혹은 제한된 자국 내 레스토랑과만 거래하는 경우도 많아서 생산자를 찾는 것도, 찾아가는 것도 쉽지 않습니다. 당연히 국내에 들어오는 내추럴 와인은 희소성이 있을 수밖에 없습니다.

내추럴 와인은 하나의 트렌드라 곧 인기가 내려갈 것이라고 주장하는 이들도 있으나 내추럴 와인은 생산 철학에 대한 관점, 그리고 자연과 와인 사이의 교감이라는 다소 동양철학적인 관점도 있는 와인이며, 이는 생산자의 기질과 관련된 사항이기 때문에 꼭 트렌드가 없어질 것이라고 단정짓기는 어렵습니다. 생산자들은 자신들이 자연의 뜻과 자연에 교감하며 와인을 만들고 있다고 생각하고 있으며 앞으로도 그럴 것이니 말입니다.

국내에서는 어디에서 구할 수 있고 어떻게 만나보아야 할까요? 수입사 몇 곳과 숍, 레스토랑을 알려드립니다. 기준은 2019년 여름 기준이니 꼭 맞을 수는 없습니다.

레스토랑과 숍

이름	주소	소개
빅라이츠 (레스토랑)	서울특별시 용산구 이태원로54길 13	한남동 '빅라이츠'는 한국 내추럴 와인 바의 효시라 해도 과언이 아닌 곳입니다. 과거 노부부가 오랫동안 운영해온 대광 정육점 식당의 손때 묻은 흔적이 아쉬워 '빅라이츠'로 이름지었죠. 파리나 뉴욕의 핫한 내추럴 와인 바와 비교를 해도 뒤쳐지지 않는 뛰어난 내추럴 와인 리스트와 그에 어울리는 다양한 요리로 그 실력과 포스를 뽐내고 있습니다.
소이연남 마오 (레스토랑)	서울특별시 강남구 신사동 도산대로53길 30	태국 음식과 함께 여러 내추럴 와인을 매칭해볼 수 있습니다. 추천을 받을 수도 있으며, 희귀 내추럴 와인들도 다수 보유하고 있습니다.
내추럴보이	서울특별시 강남구 청담동 선릉로148길 54	내추럴보이는 청담동에 위치한 내추럴 와인과 보이차 전문점입니다. 내추럴 와인 수입사 뱅베 출신의 정구현과 보이차 전문가 이현주 부부의 소매점으로 내추럴 와인과 보이차와 관련된 모든 것을 취급하고 있습니다. 매주 4~5종의 내추럴 와인을 무료 시음하며 구매할 수 있고 각 와인의 정확한 정보도 함께 소개합니다.
와인앤모어 (숍)	전국지점	일부 지점에서 내추럴 와인을 전문적으로 다루고 있습니다. 와인 종류의 수로 따지자면 역대 최대급이라고 할 수 있습니다.
비노케이노 (숍)	서울 송파구 송파대로49길 52	건물 2층에 위치한 부티크 와인숍입니다. 고급 와인과 내추럴 와인도 다양한 구색을 갖추고 있습니다.

수입사

이름	소개
마이와인즈	국내에 내추럴 와인을 처음 정식으로 수입하게 되었을 때 가장 많은 와인들을 수입한 수입사입니다. 브레통, 레 코스테 등 희귀 내추럴 와인을 선도적으로 수입하고 국내 보급에 공을 많이 들였습니다. 현재는 호주의 내추럴 와인들을 많이 발굴하여 국내에 많이 소개하고 있습니다.
뱅베(Vin V)	국내에 내추럴 와인 전문수입사로서 최대 규모를 자랑합니다. 매우 다양한 내추럴 와인을 보유하고 있으며 해외 와인거래상들도 놀랄 정도로 희귀 내추럴 와인, 개성있고 맛있는 생산자들의 와인을 수입하고 있습니다.

7

수입사 행사는 가는 것이 이득

고급 와인을 마셔보고 싶은데 주머니가 가벼운 경우들이 있습니다. 이럴 때에는 수입사에서 주최하는 행사를 한 번 찾아보세요.

일반적으로 와인 수입사가 와인을 수입할 때에는 한 번에 하나의 포도원에서 여러 가지 와인을 수입합니다. 물론 비슷한 가격을 여러 가지 수입하는 경우도 있지만 보통 화이트, 레드 한 종류 이상을 수입하고 그 이외에 높은 가격의 와인을 일정 분량 수입합니다. 생산자가 희망하는 경우도 있고 수입사 입장에서는 고객의 다양한 구색도 맞추어야 하기 때문입니다. 수입사 입장에서 수익을 낼 수 있는 와인은 우리가 평소에 쉽게 접할 수 있는 3~4만 원 이하의 와인들입니다. 이 와인들은 들여올 때 물량도 많아서, 적게는 수백 병에서 많게는 수만 병에 이르지요. 그러나 포도원에서 만들어지는 고급 와인의 경우에는 생산량도 적고 수입되는 물량도 적습니다. 심한 경우에는 12병 정도로 극소량만 들어오는 경우도 있습니다.

그렇다면 이런 와인은 어떻게 팔까요? 일부 단골 고객이나 그 와인을 잘 아는 고객이 전량 구매해준다면 반가운 소식이겠지만, 가격이 저렴하지 않은데 한꺼번에 다 살 수 있는 경우는 많지 않습니다. 그래서 수입사들은 이런 와인을 행사에 종종 내어놓습니다. 가격이 높기 때문에 무료로 할 수는 없고 주

수입사의 디너는 많은 요리와 함께 친절한 설명이 곁들여집니다. 이 사진은 이탈리아의 바바 와인메이커 디너의 사진들입니다. 다양한 와인을 저렴하게 즐기고, 지식까지 넓힐 수 있습니다.

로 생산자의 담당자가 한국에 오거나, 혹은 홍보를 해야 할 중요한 이슈가 있을 때 이러한 와인을 배치합니다. 또는 와인의 품질을 인정받을 수도 있기 때문에 소량 수입되는 와인들을 종종 한 병씩 내어놓기도 합니다.

그렇다고 비싼 와인을 디너나 시음 행사 가격에 다 포함시킬 경우에는 행사 가격이 많이 올라가게 됩니다. 일반적으로 수입사들이 디너나 시음 행사에 회비를 받는 경우는 식대 혹은 행사장 임대 비용 정도이거나 와인의 수입 원가를 나누어서 고객에게 분담하는 경우가 많습니다. 즉, 저렴한 가격으로 다양한 와인을 효과적으로 맛볼 수 있다는 말이 됩니다. 수입사 입장에서는 이렇게 해서 와인을 일정부분 유통시키고 소비자들에게도 소개하는 것이 오히려 알려지지 않고 창고에 두는 것보다 낫다고 보기 때문에 이러한 행사들을 개최하는 것입니다.

자, 이러한 행사들을 찾아보려면 어디에서 살펴보아야 할까요? 우선은 와인이십일닷컴(www.wine21.com)을 찾아봅니다. 행사 메뉴로 들어가면 수입사들이 날짜를 지정하고 행사를 지속적으로 여는 것을 확인할 수 있습니다. 가격이 저렴하지 않다고요? 잘 찾아보면 와인만 시음하는 행사들도 있습니다. 와인에 관심이 있다면 몇 만 원으로 여러 가지 와인을 맛볼 수 있지요. 소비자로서 해당 와인에 대한 관심을 갖고 담당자와 연락을 하다 보면 다양한 와인에 대한 지식도 얻을 수 있습니다.

와인 시음행사를 데이트나 모임 장소로도 활용해보세요. 평소에 가기 어려운 고급 레스토랑을 행사장으로 하는 경우가 많기 때문에 눈여겨본 곳이 있다면 이러한 기회를 활용하는 것도 좋은 방법입니다.

술의 통신 판매

　정확하게 이야기하자면, 한국에서는 술의 통신 판매가 허용되고 있습니다. 일부인 경우이지만 말이죠. 통신 판매의 영어 단어는 'Mail Order'입니다. 즉 우편으로 주문한다는 말인데 그 역사는 19세기까지 올라갑니다. 통신 판매는 별도의 가게를 차리지 않고 주문이 들어오면 운송만 해주는 방법입니다. 그러려면 상품을 소개하는 카달로그를 보내주어야 하고 그 주문도 받아야 하겠죠. 이 분야에서 가장 유명한 판매자 중 하나는 1953년 창업한 심슨 시어즈(Simpsons-Sears)입니다. 미국 시카고에 있는 시어즈 타워가 바로 이것을 의미하지요. 2000년대 들어서는 아마존이 대명사가 되었습니다. 이처럼 통신 판매는 전통적인 상점(우리가 들러서 물건을 고르는 곳)이 없는 모든 형태의 판매를 생각해볼 수 있습니다.

　우리나라에서는 전통주에 한해서 온라인 쇼핑몰 등을 통한 통신 판매를 허용하고 있습니다. 미국의 경우에는 주마다 주세와 통신 판매 허용 여부가 갈리고, 일본이나 유럽은 통신 판매가 허용됩니다. 우리나라의 경우에는 '법적 성인 소비자가 매장에서 대면 결제하여 직접 갖고 가는' 경우를 원칙으로 합니다. 2019년에는 재미있는 규제가 하나 풀렸습니다. 치킨집에서 치킨을 배달할 때 생맥주를 함께 배달해도 된다는 것이지요. 본래 병에 든 맥주나 소주를 갖다 그대로 파는 것은 허용되어 있지만, 규정상 생맥주는 직접 제조(옮겨 담는) 과정이 있다 하여 허가가 되지 않았습니다.

그러나 지금은 이 부분에 있어서 규제가 없어졌습니다. 단 여러 가지 조건이 있습니다. 첫째, 술의 가격이 음식 가격을 넘어서는 안 됩니다. 예를 들어 치킨 18,000원 주문에 맥주 30,000원 주문은 불가능합니다. 둘째, 주문이 들어오면 그 때 병입해야 합니다. 예를 들어서 그 날 주문이 많이 들어올 것을 생각해서 여러 통에 미리 나눠 담은 뒤 냉장고에 넣어두고 주문이 오면 바로 배달하는 방법은 여전히 금지되어 있습니다. 생맥주는 큰 통에서 옮겨담은 다음에는 맛이 급속도로 떨어지기 때문에 사실 이 원칙은 고객에게도 맞는 방법입니다. 앞서 말한 통신 판매의 기준으로 따지자면, 서로 얼굴을 안보고 주문이 되었고(여러 어플도 있고 전화로도 주문하지요), 술이 배달되니 이는 술의 통신 판매입니다.

이렇게 한 번 생각해볼까요? 지금 많이 등장하고 있는 신선식품 새벽 배송에 와인이 온다면 어떨까요? 무거운 와인을 들고 집까지 올라오기 힘들었는데, 쉽게 와인을 배송받을 수 있으니 얼마나 좋을까요? 물론 이러한 비즈니스를 준비하는 팀들도 많이 있습니다. 숍에서 고객이 직접 대면 결제를 하고 나면 수입사에서 직접 배달해주기도 하지만 드문 경우입니다. 그렇다면 마트에서는 이러한 술의 통신 판매를 반길까요?

대형 마트에서 파는 중요 상품 중에 통신 판매가 되지 않는 것은 와인이 유일합니다. 여러 온라인 쇼핑몰과의 경쟁에서 밀려 매출이 줄어드는 입장에서 술은 매우 중요한 고객 유인책이 됩니다. 당연히 통신 판매에는 소극적일 수밖에 없겠지요. 정부도 청소년들이 술을 주문해서 마신다고 생각한다면 입장이 난처해질 것입니다. 와인이야 가격이 높아서 청소년들이 구매해서 마실 확률은 상대적으로 떨어지지만, 소주나 맥주가 통신 판매된다면 사정은 달라지겠죠. 2019년 기준으로는 정부에서 이 부분에 대해서 면밀히 검토한다고 하니 좀 더 지켜보아야 할 일입니다만, 국내에서 와인의 통신 판매가 허용되기까지는 오랜 시간이 걸릴 것 같습니다.

그렇다면 통신 판매가 되면 시장에 어느 정도 효과가 있을까요? 미국의 경우 와인의 통신 판매 점유율은 4%입니다.(실리콘밸리 은행 와인시장 보고서) 우리나라도 그렇게 될 것이라 생각합니다. 만약 요즘과 같은 신선식품 배송 시스템이 발달하고 있는 상황에서 와인의 통신 판매가 허용된다면 많은 신선식품 배송 사업자들이 와인 배송 사업에 뛰어들 확률이 높습니다. 무거운 와인 병을 들고 다니는 것은 여간 힘든 일이 아니어서, 배송 시장의 가능성이 크기 때문이지요. 앞으로의 와인 통신 판매를 지켜보는 것은 재미있는 일일 것입니다.

9

마트에서 와인 고르기 팁

기억할지 모르겠으나 2000년대 초반 한국에는 프랑스계 대형 마트인 카르푸(Carrefour)가 진출했습니다. 프랑스계다 보니 와인도 프랑스 스타일로 엄청나게 많이 구비되었습니다. 당시에 처음 와인을 마시기 시작한 나는 그 압도적인 분량에 입이 딱 벌어질 정도였지요. 당시 소비자들은 와인을 잘 알지 못하는 이상 제대로 와인을 고르지 못했습니다. 선택지가 너무 적어도 문제지만 선택지가 너무 많아도 문제인 것입니다. 이러한 현상은 현재 마트에서도 일어나고 있습니다. 대형마트는 우리나라 와인 유통의 약 40~50% 정도를 차지할 정도로 커졌습니다. 처음에는 마트에 와인이 전혀 없었으니 정말로 괄목할만한 성장이라고 해야 하겠습니다. 그러나 지금 마트에 달려가면 와인 고르기가 여간 어려운 일이 아닙니다. 이 많은 와인 중에서 내가 마실만한 것을 어떻게 고를까요? 이 책의 핵심은 독자에게 짧고 강렬한 팁을 주는 것, 이 장에서도 팁에 대해서 알아보겠습니다.

  * 수다는 나의 힘: 마트나 백화점 모두 다 해당이 됩니다. 각 매장에 근무하는 영업 담당자들은 수입사 소속인 경우가 많습니다. 본사로부터 와인에 대한 교육을 충분히 받고 매장에 배치됩니다. 그런데 아무도 와인에 대해 물어주지 않으면 외롭습니다. 그러다가 누군가가 나타나서 와인에 대해 질문을 계

속 던지면 어떨까요? 신나게 와인에 대해서 이야기 해 줍니다. 이때 중요한 것은 "요즘 사람들이 뭘 많이 사요?"입니다. 그러면 수입사 담당자는 자신들의 와인을 밀기도 하지만 다른 수입사의 와인도 뭐가 맛있다는 식으로 이야기를 해줍니다. 수다를 떨다 보면 세일 정보를 특별히 알려준다며 전화번호 요청도 합니다. 실제로 중요한 아이템들은 이런 네트워크를 통해서 접수하게 됩니다. 수다에서 출발하여 와인 지식이 절로 생깁니다. 학원이 따로 없습니다.

* 1만 원대에서 시작을: 과거에는 와인의 품질이 그렇게 좋지 않았습니다. 저가 와인은 단단히 각오하고 마셔야 할 정도로 품질도 엉망이고 들쭉날쭉 했습니다. 그러나 최근에는 양조기술이 많이 좋아져서 저렴한 와인에서도 좋은 품질이 매우 많아졌습니다. 전체적으로 와인을 처음 알아가기에 적절한 가격대는 1만 원대라 판단됩니다. 이는 제 경험치라서 절대적인 지표는 아니나, 1만 원대 이상의 와인들은 서서히 포도 품종의 캐릭터도 보여주며 다양한 맛을 선사합니다. 1만 원대 초반에서 시작해서 후반대로 이동하고 점차 가격대를 높여가며 와인을 맛본다면 와인의 맛이 어떤지 알게 됩니다. 마트는 제품의 회전이 자주 되기 때문에 이러한 접근법이 더 재미있습니다.

* 같은 국가만 마셔보기: 마트에 가면 가격표 옆에 국가의 국기를 그려둡니다. 그러면 여담이지만 이렇게 말하는 사람도 있겠지요. 프랑스, 네덜란드, 러시아 국기가 비슷한데 헷갈리면 어쩌냐고 말이죠. 네덜란드는 와인을 생산하지 않고 한국에 러시아 와인은 수입되지 않으니 걱정하지 않고 삼색 깃발이면 프랑스라 생각하면 됩니다. 국가는 테루아라고 하는 토양, 자연의 특성을 설명합니다. 국가가 달라지면 와인의 맛은 명징하게 차이가 납니다. 따라서 그냥 무심코 고르는 게 아니라 내가 지금 고르는 것이 어느 나라 것인지를 한 번 확인하면 좋습니다.

* 같은 회사만 마셔보기: 와인 라벨을 보면 이 와인이 같은 회사의 것이라는 느낌을 강하게 줄 때가 있습니다. 발음은 모르더라도 같은 회사의 와인은 나름의 비슷한 맛 맥락을 갖고 있습니다. 특징적으로 설명하기는 어려우나 포도원의 양조 책임자나 담당자들의 감각이 반영되는 경우가 많지요. 같은 포도원(혹은 회사)의 와인을 맛보면 대개는 동네가 한 곳으로 집중되어 있고 와인을 공부하는 재미도 생깁니다. 같은 회사의 와인 중 가격이 저렴한 것에서 출발하여 약간 가격이 높은 것까지 골라보세요. 와인을 알아가는 재미가 있을 것입니다. 특히 가격대별 와인 맛이 어떻게 차이 나는지 확인하기 위해서는 같은 회사의 와인을 저렴한 것에서 높은 쪽으로 천천히 마셔보는 것은 대단한 경험이 될 수 있습니다.

미국 여러 지역의 와인 - 왼쪽부터 오리건주, 워싱턴주, 나머지 셋은 캘리포니아의 나파 지역 와인입니다. 각각 지역마다 맛이 모두 다릅니다.

루이자도와 같은 와인은 부르고뉴의 최고 명주입니다. 저렴한 와인부터 매우 비싼 것까지 두루 있습니다. 하나의 포도원만 마셔보는 것도 재미있습니다.

르플레이브는 부르고뉴 최고의 화이트 와인입니다. 역시 다 똑같아 보이지만 지역이 각기 다릅니다. 저렴한 가격대에서부터 비싼 가격까지 다양합니다.

　* 레드 말고 화이트도: 앞서 몇 번 언급했다시피, 우리나라 와인 시장에서 레드는 70% 가량을 차지합니다. 나머지는 스파클링과 화이트가 반반씩 차지하고 있습니다. 그러나 유럽 국가들의 경우 레드와 화이트의 비율은 반반입니다. 거의 같다는 말이지요. 화이트 와인은 그 나름의 캐릭터가 다양하고 한식과도 매우 잘 어울리기 때문에 저는 개인적으로 와인 추천을 해달라면 화이트를 더 많이 추천합니다. 레드의 묵직한 맛을 즐기다가도 많은 애호가들이 화이트로 옮겨갑니다. 숍에서는 고급 화이트 와인을 많이 다루지만 마트에서는 접근성 좋은 화이트 와인도 많이 만날 수 있습니다. 그렇기 때문에 마트에서 지나가면서 가격이 비싸지 않은 1만 원대 화이트 와인이 있다면 집의 냉장고에 넣어두었다가 한 번 마셔보세요. 의외의 맛과 의외의 음식 궁합, 그리고 상대적으로 낮은 알코올 덕분에 점차로 사랑하게 될 것입니다.

　* 세일이라고 무턱대고 사지 말기: 세일은 간혹 매혹적인 가격으로 여러분을 유혹합니다. 그러나 사놓고 난 뒤에는 금방 마시게 되지, 두었다가 마시는 일은 없습니다. 그리고 세일이라 해도 와인 자체의 가격이 저렴한 것은 아닙니다. 한 병에 몇 만 원하는 와인 두세 병만 주워담아도 결제할 때 10만 원은 훌쩍 넘습니다. 와인에 대해서 내가 명확하게 지식이나 스타일을 갖고 있지

는 이상(예를 들어 화이트를 아주 좋아한다거나) 와인의 세일에 너무 눈을 둘 이유는 없습니다. 오히려 마트에서 다양한 와인을 내가 생각하는 방법대로 천천히 즐겨보는 것이 더 좋은 경험이 되리라 봅니다.

와인과 관련된 전문 직업, 소믈리에

* 셰프가 있는 곳에 소믈리에가 있다

와인이 대중화되면서 소믈리에가 친숙한 존재로 떠올랐지만, 그럼에도 소믈리에란 단어를 생소해 하는 사람들이 여전히 많습니다. 소믈리에가 대체 뭘까요? 소믈리에(Sommelier)의 어원은 중세 시대 영주의 식료품을 관리하는 사람에서 유래되었습니다. 그러다가 현대에 들어와서 와인숍, 레스토랑, 호텔 등에서 고객과 접점을 이루면서 와인을 판매하는 사람을 지칭하는 말로 사용되고 있습니다. 이런 설명을 듣고 나면 대다수 사람들은 묻습니다.

"소믈리에가 되면 매일 비싼 와인을 마실 수 있나요?"

글쎄요, 맞기도 하고 틀리기도 합니다. 가끔 몇몇 고객들이 축하할 일이 생겼을 때 고가의 와인을 시키면서 소믈리에게 '예의상' 한 잔 따라주는 경우도 있습니다. 그러나 반드시 그래야 한다고 정해놓은 곳은 어디에도 없습니다. 다만 서로 오랫동안 봐온 사이라면, 좋은 와인을 추천해준 것에 대한 답례로 예의를 표시할 수 있을 것입니다. 그러니 소믈리에가 매일 프리미엄 와인만 테이스팅 할거라는 오해는 살짝 내려놓는 것이 좋습니다. 보이는 화려함 이면에 소믈리에가 해야 할 일은 생각보다 아주 많습니다.

소믈리에란 직업은 무엇보다 다이닝 서비스에서 빛을 발휘합니다. 우선 근무하는 레스토랑의 메뉴를 추천하고, 그 메뉴에 어울리는 다양한 와인들을 고객에게 소개해야 합니다. 즉, 서비스를 할 수 있는 기술과 역량을 기본적으로 익히고 있어야 합니다. 와인에 대한 지식은 물론이고, 음식을 조리하는 기본적인 방법과 5대 소스 및 드레싱에 대한 공부도 치열하게 해야 합니다. 즉, 와인만 공부하는 것이 아닙니다.

* 떠오르는 다이닝 레스토랑

지금은 국내 와인 시장이 커지면서 소믈리에들이 두각을 나타내고 있지만, 이런 변화가 찾아온 것은 그리 오래된 일이 아닙니다. 현재 주류를 이루는 2세대 소믈리에, 더 거슬러 올라가 국내 와인 전문가 1호로 꼽히는 서한정(전 한국와인협회 회장) 소믈리에 등 1세대 소믈리에들이 활동할 무렵, 한국 소믈리에는 극소수에 불과했습니다. 그만큼 한국 와인 역사는 아직 숙성되지 못한 와인처럼 짧습니다. 소믈리에라는 단어도 생소했지요.

국내 와인 시장은 88올림픽을 앞둔 1987년, 와인 수입 자율화와 함께 문을 열었습니다. 이전에는 마주앙(Majuang) 같은 국산 와인에 만족해야 했지만, 프랑스와 미국을 비롯한 세계 와인들이 국내에 알려지기 시작했습니다. 2000년대 들어서는 인터넷이 보급되면서 와인 동호회들이 속속 생겨났습니다. 고소득층이나 사업가들의 고급스런 취미 생활이었던 와인이, 젊은 층에서도 인기를 얻게 된 것입니다. 특히 2000년에 시작된 보졸레 누보(Beaujolais Nouveau) 파티는 와인의 대중화에 크게 기여했습니다. 보졸레 누보란 그해 갓 생산된 와인으로, 매년 11월 셋째 주에 열리는 파티가 큰 인기를 얻으면서 와인 인구가 엄청나게 증가했습니다.

각종 미디어도 와인 문화 형성에 한몫했습니다. 세계보건기구(WHO)에서 발표한 연구 보고 '프렌치 패러독스(French Paradox)'가 전 세계적으로 알려진 것이 시발점이 되었다고 할 수 있지요. 이는 프랑스인들이 기름진 음식을 많이 먹는데도 불구하고, 다른 나라보다 심혈관 질환에 의한 사망률이 낮다는 내용이었습니다. 그 비밀은 레드 와인에 있는 폴리페놀(Polyphenol) 성분에 있었습니다. 바로 폴리페놀이 심장병 예방에 도움이 된다는 것이었습니다. 국내에서도 TV 프로그램 〈생로병사의 비밀〉을 비롯해 각종 미디어에서 '레드 와인이 건강에 좋다'는 사실을 소개했습니다. 그 영향으로, 취하도록 마시던 주류 문화가 와인을 음미하고 즐기는 문화로 조금씩 변화하기 시작했습니다.

2000년대 후반에는 와인 전문 숍과 와인바 및 와인을 다루는 레스토랑이 2천여 곳을 훌쩍 넘겼습니다. 호텔에서는 주기적으로 와인과 함께 하는 갈라 디너를 열었고, 와인 전문 셀러를 갖춘 레스토랑도 늘어났습니다. 심지어 한식 전문 레스토랑에서도 와인 리스트를 구비하기 시작했습니다. 호텔 고급 레스토랑에서 카페 골목에 이르기까지, 어디서나 와인을 만날 수 있게 된 것입니다.

따라서 현재 한국에서 와인의 지형을 따라가기 위해선 다이닝 공간을 돌아볼 필요가 있습니다. 다이닝 공간이란 쉽게 말해 셰프가 있는 곳입니다. 서울 강남에서는 외식업의 원조였던 압구정동을 비롯해 신사동 가로수길, 청담동, 논현동, 서래마을 그리고 강북에서는 서촌, 북촌, 가회동, 삼청동, 홍대, 상수동, 연남동, 연희동 등이 오너 셰프 레스토랑이 많은 곳으로 꼽힙니다.

셰프들이 있는 레스토랑에서는 그곳만의 창의적인 음식을 제공하며, 그와 어울리는 음료를 함께 취급합니다. 특히 와인이 대중화되면서 와인을 잔으로 즐길 수 있는 공간이 점점 많아지고 있습니다. 따라서 다이닝 공간에는 셰프와 소믈리에가 공존할 수밖에 없습니다. 단순히 먹는 공간 이상으로, 고객과 접점을 이루면서 음식을 즐기는 서비스를 제공하는 곳이기 때문입니다.

한국 외식 시장의 변천사를 돌아보면, 1990년대는 패밀리 레스토랑이 호황을 누리던 때였습니다. 색다른 음식이 많지 않았던 시절, 사람들은 패밀리 레스토랑에 환호했습니다. 그러나 이제 사람들은 더 이상 패밀리 레스토랑을 흥미로워하지 않습니다. 어느 지점에서나 먹을 수 있는 똑같은 메뉴를 제공하는 곳이라면, 그곳은 셰프가 있는 공간이 아니기 때문입니다.

최근 20년 동안 소비자들의 눈높이는 현저히 높아졌습니다. 대중의 관심은 자연스럽게 셰프들이 있는 공간, 그곳만의 요리를 선보이는 레스토랑으로 움직였습니다. 〈수요미식회〉나 〈냉장고를 부탁해〉 같은 '쿡방', '먹방' 프로그램이 대세를 이뤘고, 셰프들은 요리사를 넘어 셰프테이너(Chef + Entertainer)로 다가오기 시작했습니다. 인터넷에서는 많은 블로거들이 먹는 이야기를 합니다. SNS에 공개되는 대부분의 일상 사진도 음식에 관한 것들이 많습니다.

* 소믈리에가 왜 중요한데?

셰프들에게는 '요리'라는 완성품이 있습니다. 스타 셰프에 열광하는 사람들이 그들의 레시피를 눈여겨보는 것도 그런 이유에서입니다. 반면 소믈리에의 경우 뚜렷한 완성품이 있다기보다, 레스토랑 매출이나 여러 기획들을 통해서 능력을 평가받습니다. 과거에는 많은 사람들이 소믈리에의 업무에 큰 관심을 두지 않았던 반면, 요즘은 이러한 무형의 서비스를 고객들의 경험치로 느낄 수 있게 되면서 관심도가 많이 높아지게 되었습니다. 셰프만큼이나 홀의 서비스와 와인 리스트를 책임지고 있는 소믈리에의 비중이 점점 높아지고 있는 것입니다.

이와 더불어 소믈리에가 주목받게 된 결정적 이유가 또 있습니다.

2016년 11월 7일, 미슐랭 가이드(Michelin Guide)의 28번째 가이드북 《미슐랭 가이드 서울 2017》이 발간되었습니다. 미슐랭 가이드는 세계에서 가장 권위 있는 호텔·레스토랑 안내서로, 서울에서는 발간 첫해에 3스타 2개, 2스타 3개, 1스타 19개 등 총 24개 레스토랑을 선정했습니다. 이로써 서울은 미슐랭 가이드가 발간된 28번째 도시가 되었고, 아시아 국가 중에는 일본, 중국, 싱가포르에 이어 네 번째입니다. 그만큼 한국의 요리가 세계적으로 이슈가 되고 있으며, 서울이 미식의 도시로 평가받고 있다는 증거입니다.

미슐랭 스타를 받기 위한 다섯 가지 평가 기준은

① 요리 재료의 수준

② 요리법과 풍미의 완벽성

③ 요리에 대한 셰프의 개성과 창의성

④ 가격에 합당한 가치

⑤ 전체 메뉴의 통일성과 언제 방문해도 변함없는 일관성

이라고 명시되어 있습니다. 다시 말해 레스토랑 메뉴의 퀄리티와 창의성은 물론이고, 와인 리스트의 차별성이나 소믈리에의 존재 여부, 고객들에게 메뉴를 소개하고 그와 어울리는 와인이나 음료를 서비스하는 능력까지도 중요한 평가 요소로 떠오르고 있는 것입니다. 몇 년 사이 한국의 외식 시장이 급속도로 성장해 왔지만, 이제는 본격적으로 국제 기준에 부합하는 서비스가 부각되고 있는 것입니다. 자연히 앞으로는 레스토랑의 질적 성장에 있어서, 소믈리에들이 해야 할 몫이 더욱 많아질 것이라 예상됩니다.

* 15년 차 소믈리에의 24시간

정하봉 소믈리에가 소믈리에 타이틀을 달고 일하기 시작한 때가 2005년이니, 2019년 기준으로 15년 차입니다. 일반 샐러리맨들에 비하면야 시간 관리가 탄력적인 편이지만, 주 5일 근무하는 직장인이다 보니 비슷한 패턴으로 생활하게 됩니다. 하루 일과는 대략 다음과 같습니다.

10:00 출근

10:30 매니저 미팅

11:30~13:30 런치 오퍼레이션

13:30~17:30 각종 미팅, 직원 교육, 보도자료 작성

17:30~20:30 디너 오퍼레이션

21:00 퇴근

이 외에도 호텔의 음료 책임자로서 해야 할 일들이 수없이 많습니다. 그러다 보니 현실적으로 퇴근 시간을 넘기는 경우가 많고, 업무 특성상 주말에도 일해야 합니다. 주중에 쉬는 날에도 외부 스케줄이 있는 때가 많아서 진정한 휴일이라고 할 수 없습니다. 그러나 모든 일에는 장단점이 있게 마련입니다. 분명한 것은, 행복한 소믈리에라는 점입니다. 와인을 사랑하는 사람으로서, 와인과 함께 하는 삶을 마음껏 누리고 있으니 말이죠. 소믈리에 이야기를 약간 더 해볼까 합니다. 소믈리에의 업무에는 크게 세 가지가 있습니다.

첫째, 흔히 알려진 것처럼 고객들에게 와인을 추천하는 일입니다. 어느 레스토랑에서나 고객이 와인을 선택하는데 도움이 필요하다고 하면, 소믈리에들은 달려가 고객이 선호하는 스타일과 품종을 물어보고 그에 맞는 다양한 가격대의 와인을 추천합니다. 더러 예약과 동시에 와인에 관해 문의하는 고객들도 있습니다. 실제로 사례를 한 번 볼까요?

4인 가족이 딸의 스무 번째 생일을 기념하기 위해 특별한 저녁을 보내고 싶어 했습니다. 아직 와인에 대해 잘 모르는 가족들을 위해, 아버지가 직접 예약을 의뢰하면서 이 고객은 화이트 와인을 대표하는 지역의 와인, 메인 스테이크와 어울리는 레드 와인, 그리고 디저트에 어울리는 와인을 추천해 달라고 했습니다. 단, 4인 가족의 식사 예산은 50만 원을 넘지 않는 선이었으면 좋겠다고 제시했습니다.

소믈리에로서 이런 고객을 만나면 더할 나위 없이 반갑습니다. 식사 자리의 의미와 사연을 최대한 구체적으로 알려줄수록 가장 합당한 와인을 추천해줄 수 있기 때문입니다. 덕분에 이 고객에게 화이트 와인으로 샤르도네(Chardonnay) 품종의 고향인 프랑스 부르고뉴(Bourgogne) 지역의 샤블리

(Chablis) 와인을, 메인 스테이크 요리에는 호주를 대표하는 바로사(Barossa) 지역의 쉬라즈(Shiraz)를 추천하여 매칭했습니다. 그리고 디저트에는 독일 대표 품종 리슬링(Riesling)으로 만들어진 스위트한 화이트 와인을 추천했습니다.

간혹 고객이 찾는 와인이 업장에 없는 경우도 있습니다. 와인의 종류는 셀 수없이 많고 와인 리스트는 제한적이기 때문입니다. 그럴 때는 비슷한 스타일의 와인을 추천합니다. 예를 들어 고객이 프랑스 론(Rhône) 지역의 어느 와인을 찾았다고 가정해보겠습니다. 고객이 원하는 것과 100퍼센트 똑같은 걸 찾긴 못하더라도, 론 지역의 다른 생산자가 만든 근접한 와인을 추천할 수 있을 것입니다.

이런 상황에 대비해서 소믈리에는 와인에 대한 지식을 갖추고 있어야 합니다. 전 세계 산지의 특징과 품종은 물론이고, 국내에 유통되는 와인 대부분을 파악해야 합니다. 사실 이는 소믈리에에게 있어 더 이상 언급할 필요가 없을 정도로 기본적인 부분입니다. 탄탄한 지식을 갖추고 있어야 현장에서 일어나는 다양한 상황에 대처할 수 있습니다.

덧붙여 다양한 대화 및 소통 기법을 갖춰야 합니다. 고객들과의 원활한 소통은 물론이고, 외국어에도 능통해야 한다는 뜻입니다. 와인은 서양 음료입니다. 따라서 깊이 있게 공부하기 위해서는 외국어를 익혀야 합니다. 영어는 말할 것도 없고 프랑스어, 이탈리아어, 스페인어 등 세계적인 와인 생산국의 언어를 하나 더 할 수 있다면 그야말로 날개를 다는 격입니다.

둘째, 소믈리에의 두 번째 업무는 와인 리스트를 짜는 것입니다. 뒤에서 자세히 언급하겠지만, 와인 리스트를 만들고 관리하는 것은 소믈리에의 중요한 업무 중 하나입니다. 그러다 보니 와인 수입사들과 미팅을 많이 할 수밖에 없습니다. 새로운 와인에 대한 판매 촉진 방법을 파악해야 하기 때문입니다.

또한 소믈리에 타이틀을 달고 난 뒤에는 가능하면 국내에서 열리는 모든 와인 세미나에 참석하려고 노력해야 합니다. 참석하지 못할 경우에는 관련 자료라도 받아서 트렌드를 따라가려고 노력해야 합니다. 소위 인포메이션 스킬(Information Skills)이라고 하는 것입니다. 기본적인 지식과는 별개로, 와인 시장의 흐름이나 와인 평점 등 변화하는 와인 트렌드에 예민하게 대응하는 것 또한 소믈리에가 갖춰야 할 요건입니다.

마지막으로 소믈리에는 와인을 추천하고 서비스하는 기본 업무를 뛰어넘어, 매니지먼트까지 할 수 있어야 합니다. 다양한 프로모션을 기획하고, 전략을 짜며, 팀원들에게 업무를 배분해줘야 합니다. 회사는 당연히 수익을 창출해야 합니다. 이는 부정할 수 없는 진리입니다. 소믈리에는 충성도 높은 고객뿐만 아니라 신규 고객을 끌어들일 수 있어야 합니다. 이는 영업실적으로 연결됩니다. 현재 와인의 재고는 무엇이며, 잘 나가는 와인은 무엇인지, 전략적으로 밀어야 하는 와인은 무엇이고 어떤 와인에 좀 더 가치를 부여할지 등에 대해서 끊임없이 고민하고 설명해야 합니다.

이렇게 보니 소믈리에라는 직업이 만만한 직업은 아니지요? 그러나 그 직업적 매력도도 많이 있기 때문에 이 글을 읽는 독자 중 소믈리에를 직업으로 삼고 싶은 분이 있다면 언제든 도전해보세요. 많은 대회가 있고 많은 교육기관이 있습니다. 언제든지 소믈리에가 되는 길은 열려 있으니까 말이지요.

와인도 온도가 중요하다

따뜻한 맥주를 먹어본 적 있는가요? 맥주는 차갑지 않으면 제맛을 느끼기가 어렵습니다. 식어버린 미역국도 생각하기 싫지요. 무엇이든 음식에는 각각에 맞는 온도가 있습니다. 아주 뜨겁게 먹어야 하는 것이 있는 반면에 적당한 온도를 맞추어 주어야 하는 경우가 많습니다. 와인의 경우에는 종류에 따라서 적절한 온도가 있습니다. 그리고 와인의 온도를 맞추는 방법을 살펴보겠습니다.

일반적으로 레드 와인은 20~22도, 화이트 와인은 11~14도가 적절하다고 이야기 하지만, 온도계를 넣어두고 마실 수도 없는 일이고, 그렇다고 와인을 냉동실에 넣어둘 수도 없습니다. 와인은 냉동실에 넣어두면 물이 팽창하여 코르크가 빠져나오는 경우도 있고 심한 경우 병이 깨어질 수도 있으니까요.

1. 와인의 보관

* 기본 원칙: 와인은 누구나 다 잘 알고 있듯이 '그늘지고 건조하며 서늘한 곳'에 보관하는 것이 가장 좋습니다. 모든 식품의 보관에 통용되는 조건이지요. 와인 보관에는 절대적으로 온도가 중요한데, 가급적이면 10도 전후나 냉장고의 냉장실에 보관하는 것이 좋습니다. 습기를 유의해야 하기 때문에 랩이

나 신문지 등으로 싸서 보관하는 것이 좋지요. 냉장고의 냉장실은 3~5도 가량으로 와인 보관에 큰 무리는 없습니다. 간혹 와인의 온도는 미세한 냉장고의 온도 변화에도 문제가 될 수 있다고 주장하는 경우도 있으나 저의 경험으로는 10년 이상 냉장고에 보관해도 극단적 환경의 온도에만 노출되지 않으면 와인의 품질에는 큰 영향을 주지 않습니다. 겨울에는 뒷베란다(약간 영하로 내려가는)에 내어두어도 큰 문제는 없습니다만, 온도는 늘 유의해야 합니다.

  * 차 안이나 트렁크에 보관하는 것은 금물: 차 안에 보관을 하게 되면 와인의 온도가 급격히 올라가서 변질될 위험성이 매우 높습니다. 와인이 병 밖으로 새어나오기도 하고 코르크를 밀어내기도 합니다. 게다가 맛이 변질될 수 있습니다. 와인 애호가나 전문가들은 이러한 경우 '와인이 끓었다'라고 이야기하는데 정말 끓은 것이 맞습니다. 겨울이라고 안심할 수는 없습니다. 겨울에도 차 안은 따뜻해지기 때문에 삼가야 합니다. 또한 아주 추운 곳에 두는 것도 위험합니다. 영하 15도 이하로 내려가는 아주 추운 곳에 장시간 와인이 있을 경우 물이 팽창하여 병이 깨지는 경우도 있습니다. 절대로 밖의 차가운 차 안에 와인을 두어서는 안 됩니다.

  * 직사광선은 금물: 와인은 빛을 쏘이게 되면 변질되는 경우가 있습니다. 특히 화이트 와인의 경우 빛을 받게 되면 색상이 갈색으로 변하는 경우도 있습니다. 색상이 변했다는 것은 내부의 화학적 특성이 바뀌었다는 뜻인데 당연히 물론 품질도 나빠집니다. 물론 직사광선은 와인의 온도도 높여주기 때문에 유의해야겠습니다.

2. 와인의 음용

와인을 마실 때에는 더욱 와인의 온도가 중요합니다. 만약 더운 바깥에서 와인을 들고 다니다가 와인을 마셔야 한다면 차가운 아이스버킷이 좋습니다. 여기서 하나의 팁이 있는데, 와인의 병 아래를 담가두게 되면 우선 병이 차가워지고 그 다음 음료가 차가워지기에 시간이 걸립니다. 가운데 와인들은 오래 지나야 차가워지겠죠. 이때에는 병을 거꾸로 담가둡니다. 병 위쪽은 와인과 바깥면의 접촉이 많기 때문에 처음에 빨리 차가워집니다. 그리고 약간 시간이 지나면 위아래를 한 번 정도 뒤집어 줍니다. 그러면 위쪽의 찬 와인이 아래로 내려가면서 상대적으로 빠르게 차가운 기운이 전달됩니다.

추운 겨울에는 바깥에 내어놓기만 해도 와인이 차가워집니다. 다만 화이트 와인이든 레드 와인이든 온도가 너무 낮을 경우에는 제맛을 느끼기가 쉽지 않습니다. 다른 술에 비해서 와인은 향이 매우 중요한 요소를 차지하는데, 그 향을 느끼기도 어렵지요. 하지만 높은 온도에서 낮은 온도로 낮추는 것보다, 낮은 온도를 올리는 것이 더 쉽습니다. 그렇기 때문에 레드든 화이트든 일단 차갑게 한 뒤에 서서히 온도를 올리는 것이 좋습니다.

레드 와인은 일반적으로 아이스버킷에 넣지 않는다고 알려져 있지만 저 같은 경우에는 아이스버킷에 넣습니다. 일반적으로 레드 와인은 17~22도 사이에 멋진 향을 만들어내는데, 요즘은 겨울이라 하더라도 실내 기온이 이보다 높은 경우가 많습니다. 온도가 적절하게 맞추어진 와인은 평소보다 월등하게 뛰어난 향을 선사하며, 신선하고 기분 좋은 느낌을 전달합니다. 다시 한 번 설명하지만 와인을 음용할 때에는 가급적 차게 한 뒤 서서히 온도가 올라가게 하세요. 레드는 마시기 20분 전에 냉장고에 넣어두거나, 아이스버킷에 10분 정도 담가두어도 좋습니다. 샴페인이나 스파클링 와인의 경우에는 더욱 그러한데, 차가울수록 기포가 더 오랫동안 올라옵니다. 이산화탄소가 녹은 상태에서 온도가 올라가면 더 빨리 기화되기 때문입니다.

와인의 잔 관리 십계명

와인 잔, 하면 모든 사람들이 생각하는 기본적인 모습이 있습니다. 가늘고 긴 다리 부분, 둥근 보울에 이르기까지 요소 하나하나가 아름답습니다. 그러나 이 아름다운 와인 잔을 관리하기 위해서는 주의해야 할 사항들이 많습니다. 와인 잔을 다루는 방법을 살펴볼까요? 우선 와인 잔의 각 부분 명칭부터 익히고 가야 하겠습니다.

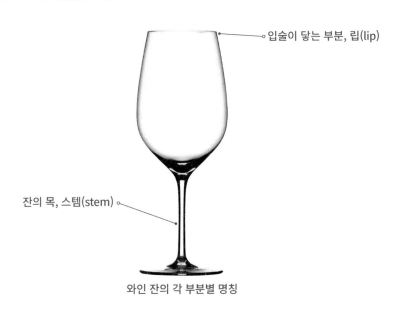

입술이 닿는 부분, 립(lip)

잔의 목, 스템(stem)

와인 잔의 각 부분별 명칭

1. 가장 약한 부분은 조심스럽게 다룬다

와인 잔에서 가장 약한 부분은 입술이 닿는 부분과 스템이라는 가는 기둥이 있는 부분입니다. 입술이 닿는 부분은 사람들과 이 립(lip) 부분으로 건배를 하다가 깨어지는 경우가 많습니다. 따라서 건배시에는 꼭 옆구리 부분으로 가볍게 해야 합니다. 일반적으로 스템(stem)은 와인 잔을 닦으면서 깨어지는 경우도 많지만 와인 잔을 내려놓을 때 너무 힘을 주어서 내려놓다가 깨어지는 경우도 많습니다. 또 손으로 너무 세게 쥐게 되면 잔이 부러집니다. 잔이 떨어졌을 때 가장 많이 부러지는 곳도 이 부분입니다. 따라서 와인 잔의 약한 부분은 언제나 조심스럽게 다룹니다.

2. 향이 없는 세제를 쓰는 것이 좋다

제가 와인을 처음 배웠을 당시에는 와인 잔을 세제로 씻어서는 안 된다는 이야기를 듣고는 오랫동안 세제를 쓰지 않았습니다. 그리고 융으로 닦다가 기름기 때문에 여러 번 잔을 깨는 경험도 있습니다. 하지만, 정확하게 이야기하면 향이 없는 세제는 와인 잔 세척에 사용해도 무관합니다. 일반적으로 우리가 집에서 쓰는 세제를 쓰는 것은 큰 문제가 없습니다. 세제의 향보다는 오히려 물냄새에서 비린내가 배는 경우들이 더 많습니다.

3. 와인 잔용 수세미는 따로 두는 것이 좋다

와인 잔은 향을 모으는 역할을 합니다. 그렇기 때문에 식기 세척용 수세미를 넣으면 비린 향 등이 금세 배입니다. 따라서 전용 수세미를 따로 구비하고, 최대한 부드러운 부분(스펀지 등)으로 스치듯 닦습니다. 어차피 와인이 들어 있었기 때문에 표면에 문제를 일으키지는 않습니다. 와인 잔 세척용 솔을 쓰는 경우도 있으나 오히려 거칠게 잔이 닦이는 경우가 많습니다. 다만 샴페인 잔의 경우 손이 들어갈 수 없기 때문에 샴페인 잔 전용 클리너를 쓰는 것도 좋습니다. 대신 융이 제대로 들어가지 않는 경우도 있기 때문에 각별히 주의해야 합니다.

4. 잔은 가급적 두 개의 융(수건)으로 닦는다

와인 잔은 보풀이 발생하지 않는 수건으로 닦아줍니다. 이때 수건을 두 개 쓰는 것이 좋은데, 하나를 쓰게 되면 잔 안쪽을 닦기도 어려울 뿐만 아니라 힘이 과하게 주어져서 스템이 부러지는 경우도 있고, 심지어는 미끄러져서 잔이 완전히 깨지는 경우도 있습니다. 그렇기 때문에 잔을 닦을 때에는 가급적 두 개의 수건으로 닦도록 합니다.

매우 능숙한 소믈리에들이 와인 잔을 닦는 방법입니다. 능숙하고 멋있고 빠르죠. 하지만 집에서 서툰 솜씨로 이렇게 닦으면 매우 높은 확률로 잔이 깨어집니다. 절대로 이렇게 하지 마세요.

집에서 할 때는 융을 하나 집어 넣고 잔을 감싸듯이 닦아줍니다. 너무 힘을 주지 않는 것이 좋습니다.

5. 가급적 뒤집어 두거나 걸어둔다

와인 잔은 맨 아래 부분이 옴폭하게 들어
가 있기 때문에 이물질이 끼이기 좋습니다.
따라서 와인 잔은 가급적 뒤집어서 두거나 걸
어두는 것이 좋습니다. 보관함은 주방의 경우
기름때 등이 날려서 잔에 묻을 수 있으므로
닫힌 공간에 보관하는 것이 좋습니다. 닫힌 공간에서는 잔을 세워두어도 괜찮
으나 나무장의 경우 간혹 나무의 냄새가 함께 배어드는 경우도 있습니다. 그
러니 권장하는 방법은 와인 잔 걸개를 두어서 그곳에 걸어두거나 뒤집어 두는
것이 향이 배지 않고 보관하는 방법입니다.

6. 고가의 잔에 뜨거운 물은 금지

유리는 의외로 열에 의한 수축 팽창에 약합니다. 와인 잔도 마찬가지로 와
인 잔을 깨끗하게 닦겠다고 끓는 물에 넣는 행위는 절대적으로 해서는 안 됩
니다. 특히 고가의 와인 잔은 내부의 열과 외부의 온도 차에 의해서 금이 가거
나 심지어는 펑 하고 터질 수도 있습니다. 내부의 공기압을 이기지 못하고 깨
지는 것이지요. 따라서 얇은 크리스탈로 구성된 고가의 와인 잔들은 매우 조심
스럽게 다루어져야 하며 뜨거운 물에는 닿지 않게 해야 합니다.

7. 너무 청결하게 닦으려 하지 않는다.

간혹 잔을 너무 깨끗하게 닦으려는 경우가 있습니다. 특히 와인 잔을 닦지
않다가 한 번에 모아서 닦으려는 경우 그 사이 발생한 물때를 없애기 위해서
힘을 주는 경우가 많습니다. 저의 경험으로는 게으른 만큼, 한 번 잔을 닦을 때
완벽하리만치 깨끗하게 닦으려는 욕망이 인간에게는 다 있는 것 같습니다. 그
리고 여지없이 잔이 깨질 때는 이러한 때였습니다. 와인 잔에 남은 물때는 나

의 게으름에 따른 대가입니다. 어지간해서는 닦이지 않으니 힘을 주는 것은 금물이고, 그것은 그대로 두는 것이 좋습니다.

물때를 너무 닦으려 하지 않는 것이 좋습니다. 물때를 막는 방법은 사용한 뒤 그때그때 닦는 것입니다.

8. 사고에 대비할 것

일전에 병원 응급실 이야기를 들은 바로는 의외로 와인 잔을 닦다가 깨진 잔에 손을 베어서 응급실에 오는 경우가 상당히 많다고 합니다. 특히 여성의 경우 손이 작기 때문에 와인 잔 속에 넣고 잔을 닦는 경우가 많은데 이때 손을 잘못 움직이는 경우에는 잔이 깨지거나 크게 다칠 수 있습니다. 따라서 와인 잔은 외부에서 최소한의 힘을 주는 것이 좋습니다.

9. 식기세척기는 조심할 것

식기세척기는 얇지 않은 와인 잔이라면 큰 문제가 없으나 잔 하나에 5~10만 원가량 하는 고급 잔의 경우에는 절대 넣어서는 안 됩니다. 얇은 와인 잔은 아래에서 고압으로 뿜어져 나오는 물에 손상될 수 있습니다. 그렇기 때문에 식기세척기에는 구매가격 5천 원 미만의 가격으로 두께가 두꺼운 와인 잔만 넣고, 입술이 닿는 부분이 얇은 고급 잔은 절대로 넣어서는 안 됩니다.

10. 잔은 사용하고 나서 곧바로 세척하는 것이 좋다

어떤 식기든지간에 씻고 물이 고인 상태로 오래 두면 물때가 생긴다고 합니다. 사실 이 물때는 어지간한 세제로도 닦이지 않습니다. 와인 잔은 투명한 형태이기 때문에 이런 경우가 더욱 더 두드러지게 보입니다. 외견상으로도 좋지 않은데, 이러한 현상이 생기지 않도록 하는 가장 좋은 방법은 사용하고 난 뒤에 잔을 약간의 물로 가세척해서 중간 정도까지 물을 넣어두고, 12시간 이내에는 세척한 다음 닦는 것입니다. 그렇지 않을 경우 처음에는 눈에 띄지 않으나 시간이 가면 갈수록 잔 아래쪽에 서서히 쌓여가는 닦이지 않는 흰 물때를 목격하게 될 것입니다.

13

잘못 알려진 와인 상식들

우리가 알고 있는 많은 와인 상식들이 사실은 잘못 알려진 경우가 많습니다. 거두절미하고 알아볼까요?

1. 오래된 것이 좋다

제가 경험한 가장 기막힌 와인은 10년을 보관한 보졸레 누보였습니다. 소위 햇와인, 그 해 나온 와인을 비행기로 공수해서 맛보는 와인입니다. 보졸레 누보는 일반적으로 보관 기간이 약 1년 이내이며, 제대로 된 맛을 즐기려면 6개월 이내에 마실 것을 권장합니다. 그런데 10년이 지났으니 과연 어떠했을까요? 2006년경, 저는 안면도의 모 펜션에서 처음 보는 분들과 크리스마스 파티를 했습니다. 그리고 와인을 갖고 오기로 했는데, 한 분이 아주 오랫동안 보관한 소중한 와인이라고 꺼냈습니다. 바로 그 와인이 보졸레 누보였고요.

예상했던 대로 와인을 열었을 때 악취가 나고 갈색이 아닌 약간의 회색빛이 도는 완전히 변질된 상태가 되어 있었습니다. 가져오신 분의 소중한 마음을 생각하여 정중하게 설명하고 그 와인은 당일 폐기했습니다. 이처럼 와인은 그 생산자나 들어가는 공정, 포도의 상태 등에 따라서 유지기간이 매우 상이합니다. 오래된 와인이 무조건 좋은 것은 아닙니다.

2. 기포가 나는 것은 다 샴페인이다

아마도 샴페인이라는 이름은 이제 일반명사가 되었다고 생각합니다. 축배를 들 때, 그리고 기분 좋은 날 사람들은 습관적으로 샴페인을 터트린다고 하지요. 제과점에 가도 '알코올이 들어가지 않은 복숭아 샴페인'과 같은 형식으로 샴페인이란 단어를 많이 쓰고 있습니다. 그러나 샴페인은 프랑스 샹파뉴(Champagne)지역에서 생산되는 발포성 와인을 의미합니다. 이 샴페인은 샴페인 협회에서 철저하게 품질을 관리할 뿐만 아니라 해외에서 이 이름이 사용되는 것을 금지하고 있는데요, 현재 이 샴페인에 대한 고유한 상품명과 상품권을 인정하지 않는 유일한 나라가 바로 미국입니다.

미국의 경우에는 일부 와인 생산자들이 소송을 통하여 샴페인의 명칭을 사용할 수 있도록 허락을 받은 것으로 알려져 있으나, 이는 미국 내 소송에 의한 것이며 프랑스에서 이의 사용을 허락한 적은 없습니다. 샴페인에 대한 보다 자세한 정보는 영어이긴 하지만 샴페인 사무국(Champagne Bureau, https://www.champagne.fr)에서 확인할 수 있습니다.

그렇다면 다른 나라는 어떨까요? 프랑스의 다른 지역에서 나는 발포성 와인은 크레망(Cremant), 이탈리아는 스푸만테(Spumante)라 부르며, 스페인은 카바(Cava), 독일은 젝트(Sekt)라고 부릅니다. 그 이외의 국가에서는 스파클링(Sparkling) 와인이라 부릅니다. 간혹가다 샴페인에 사용하는 제조 공법과 같은 방법으로 만들었다고 기재하기도 하나, 샴페인으로 착각해서는 안 됩니다. 샴페인은 우선 프랑스산이어야 하고, 프랑스산 와인에 샴페인이란 이름이 붙어 있으면 이는 신뢰할 수 있습니다. 다른 국가의 발포성 와인에 샴페인이라는 단어가 쓰여 있으면 100% 가짜이니 조심하세요.

3. 와인에는 치즈

치즈는 와인과 같은 발효 식품으로써 와인 하면 치즈, 하는 단어가 연결될 정도입니다. 그러나 와인이 치즈와 잘 맞기 때문에 꼭 치즈를 준비해야한다는 생각은 적절하지 않습니다. 정확하게 이야기하자면, 화이트 와인은 그 자체만 즐겨도 충분히 훌륭한 술입니다. 특히 리슬링과 같은 포도로 만든 와인은 그 자체만으로 대단한 청량감과 즐거움을 줍니다.

치즈는 좀 더 진한 와인을 마실 때 도움이 됩니다. 진한 와인은 알코올도 높을 뿐만 아니라 입안을 묵직하게 만들어주기 때문에 좀 더 다른 풍미의 부드러움을 줄 필요가 있습니다. 그렇다고 꼭 치즈를 곁들여야 한다는 생각은 하지 않아도 좋습니다. 와인에 어울리는 음식은 치즈보다 다른 음식들이 월등하게 많으니 말이죠.

4. 생선에는 화이트, 육류에는 레드

어린 시절부터 생선에는 화이트, 레드에는 육류라는 이야기를 듣습니다. TV 드라마나 영화에도 자주 등장하는데요, 이 이야기의 발단은 오래전 007 영화로 넘어갑니다. 2편에서 제임스 본드는 소련의 첩자를 알아보기 위해 넙치 요리를 시키고는 와인 주문을 합니다. 제임스 본드는 화이트 와인을 시키지만 소련의 첩자는 레드 와인(영화에서는 키안티라는 이탈리아 와인을 말합니다)을 주문합니다. 식사를 마치고는 제임스 본드가 "생선 요리에 레드 와인을 시키는 것을 보고 당신이 이상하다 생각했지"하는 장면이 나옵니다. 당시에는 이 장면이 생선 요리에는 레드를 시키는 것이 아니구나 하는 생각으로 굳어졌지 않았을까 하는 것이 저의 판단입니다.

그러나 당시 서양에서는 동양의 요리를 많이 접하지 않았을 뿐더러, 세상에 요리가 생선과 육류만 존재하는 것도 아니며 매칭해야 할 와인이 수없이 많은데 이렇게 이분법으로 생각하는 것 자체가 잘못된 것이지요. 일반적으로 고기의 색상이 붉을수록 레드가 잘 어울립니다. 생선의 경우 연어, 참치, 숭어에는 진한 레드 와인은 잘 어울리지 않지만 피노 누아르(Pinot Noir)와 같은 섬세한 품종이라면 매우 잘 어울립니다. 반대로 닭고기와 같이 흰 육류는 레드 보다는 오히려 화이트 와인과 잘 맞을 때가 훨씬 많습니다. 그러니 꼭 생선에는 화이트, 육류에는 레드라는 생각을 내려두는 것이 좋습니다. 한식에서는 단맛이 나는 불고기가 자주 올라오는데 이때에도 의외로 화이트 와인이 어울릴 때가 많습니다.

물론 절대적 진리는 있습니다. 초밥이나 생선회(도미, 광어, 우럭 등)에는 절대적으로 화이트 화인이 어울립니다. 고기의 맛 자체를 살리기 위해 소금 후추 간이 되어 아주 맛있게 조리된 스테이크(안심, 등심, 티본)에는 절대적으로 레드 와인이 어울립니다. 그러나 명심하세요, 언제나 이 법칙이 적용된다는 것은 아니라는 것을 말이지요.

5. 잔은 아래를 잡아야만 한다

오래전부터 와인 교재를 보게 되면 와인 잔의 스템이라고 불리는 가늘고 긴 곳을 잡으라고 설명됩니다. 그렇다면 다음의 사진을 한 번 볼까요?

옆의 사진을 보세요. 모두들 잔의 스템이 아니라 보울 부분을 잡고 있습니다. 이들이 과연 예의에 어긋나는 행동을 하는 것일까요? 2000년대 초반 와인 애호가들이 급속도로 늘어날 때 초기 와인을 소개한 사람들은 주로 소믈리에였습니다. 소믈리에는 와인을 소개해야 하고 맛도 평가를 해야 했습니다. 와인을 평가하기 위해서는 온도에 민감해야 하며 색상도 정확하게 볼 수 있어야 하는데, 당연히 잔의 보울을 잡으면 손의 온도 때문에 와인 온도가 올라가고 색상도 확인할 수 없습니다. 자연스럽게 보울이 아니라 가느다란 스템 부분을 잡게 됩니다. 이러한 모습 때문에 이것이 진실, 혹은 절대적인 예의인 것처럼 고정되기 시작했습니다.

그러나 와인 잔은 어떻게 잡든 상관없습니다. 내 손에 편안하게 보이거나 멋있게 보이면 그것으로 충분하지요. 그러니 행여나 타인이 잔을 다르게 잡는다고 한들 그 사람이 예의에 어긋난 것이라 지적하는 실수는 범해서는 안 되겠습니다.

6. 유럽은 오랜 와인 역사를 갖고 있다?

와인, 하면 프랑스, 그리고 유럽을 떠올립니다. 우리에게 이러한 생각은 언제부터 고정되었을까요? 프랑스의 경우 1855년 세계 박람회 때 황제의 칙령으로 그랑크뤼라는 특급 와인들을 지정하게 됩니다. 이때부터 특별한 등급을 받은 와인들은 좋은 대접을 받게 됩니다. 그리고 샴페인과 같은 와인들도 왕족들을 위해서 만들며 그 명성을 이어갑니다. 그러나 일반 대중들은 브랜드화된 와인을 마셨다기보다는 동네에서 만들어진 와인들을 마셨다고 보는 것이 좋습니다. 마치 우리나라에서 동네 막걸리 양조장이 하나씩 있듯, 포도주도 그러했습니다. 이탈리아도 몇몇 귀족집안이나 역사적 이력이 있는 가문만이 자신들만의 명주를 갖고 있었습니다.

와인이 제대로 된 형태를 갖추기 시작하고 제도화되기 시작한 것은 1930

년대 프랑스에서 생산지에 대한 명칭을 정하는 법을 제정한 뒤입니다. 실제로 2차 세계대전 당시 이탈리아의 유명한 포도 산지들은 전시 물품 보급을 위해서 포도나무를 뽑고 그곳에 밀을 경작했다고 하지요. 와인이 현대화되기 시작한 것도 2차 세계대전이 지나고 나서, 그리고 에밀 페로라는 유명한 양조학 교수가 양조학에 대한 기반을 다지기 시작하면서부터입니다. 그 이전에는 대부분의 와인 만드는 비법이 문서가 아닌 입으로 전해지거나 그 해의 기후, 경험에 의해서 만들어진 경우가 많았으나, 양조학이 체계적으로 자리 잡기 시작한 이후부터 와인의 품질은 비약적으로 좋아지게 됩니다.

그러나 이 사이 많은 사건도 있었습니다. 특히 1985년에는 이탈리아와 오스트리아에서 저가 와인에 메탄올을 넣는 바람에 여러 사람이 죽는 사건도 발생했습니다. 이처럼 품질 관리가 되지 않자 유럽의 국가들도 이 때부터 원산지, 생산 방법, 품질 관리 등에 대한 규정들을 엄격하게 만들기 시작했으며 품질이 점차로 높아지게 됩니다. 지금 우리가 마시고 있는 유럽 와인들의 경우 일부 고급 와인들은 수백 년의 역사를 가지고 있습니다. 와인의 인문학과 관련된 책을 읽어보아도 그렇지요. 그러나 대중이 즐길 수 있고 좋은 와인들을 접하게 된 것은 그렇게 오랜 역사를 갖고 있지 않습니다. 유럽도 우리처럼 여러 사건들을 겪고 난 뒤에 오늘까지 이르게 된 것이지요.

와인의 역사는 매우 깁니다. 그러나 우리가 지금 마시는 와인의 역사는 불과 수십 년 밖에 되지 않는다는 점 잊지 마세요.

14

와인은 살이 찌지 않나요?

나는 평소에 와인에 대한 질문을 많이 받습니다. 그리고 대부분의 여성들이 궁금해 하는 것 중 하나가 와인과 건강, 미용, 다이어트 등에 대한 이야기였습니다. 여러 와인 이야기 중에서 와인은 살이 찌지 않는지에 대해 이야기해볼까 합니다.

와인은 매력적인 술입니다. 와인의 칼로리에 대해서는 김상미 칼럼니스트가 쓴 〈그깟 몇 잔? 생각보다 열량 높아〉라는 글을 읽어보면 도움이 됩니다. 구글 검색창에 '와인의 칼로리'라고 입력하면 와인 마신 용량에 따라 칼로리를 계산할 수도 있습니다.

결론을 이야기하자면 모든 음식은 맹물이나 커피, 일부 차 종류를 제외하고는 반드시 열량이 있습니다. 그리고 뭐든 너무 많이 섭취하면 몸에 부담을 주겠지요. 일반적으로 와인은 알코올 도수가 약 13.5도인데, 알코올 자체가 열량이 있습니다. 칠레나 호주, 미국의 레드 와인은 이보다 조금 높으며, 화이트 와인은 이보다는 조금 낮습니다. 와인의 용량은 1병에 750ml로 소주 두 병 가까이 됩니다. 한 병을 다 마신다면 요즘 알코올로 치면 거의 소주 두 병에 육박하는 알코올을 마시게 됩니다. 당연히 살이 찔 수밖에 없습니다.

그렇다면 어떻게 살찌지 않고 마실 수 있을까요? 우선 천천히 마시는 것이 좋습니다. 와인을 빨리 마시게 되면 취기를 처음에 덜 느끼게 됩니다. 일반적으로 알코올이 몸에서 반응하는 데 20분이 걸립니다. 와인은 맛이 좋고 풍부하기 때문에 초반부터 빨리 마시는 경향이 있습니다. 당연히 많이 마시게 되겠지요. 천천히 마시면 알코올이 서서히 오르면서 상대적으로 많이 마시지 않게 됩니다. 다음으로는 중간에 물을 많이 마시는 것입니다. 어느 술이든 그렇지만 물을 많이 마시게 되면 그만큼 알코올의 비중이 낮아지겠죠. 그래도 절대적으로 몸에 들어온 알코올의 양이 줄어드는 것은 아니니, 어느 경우든지간에 적게 마시는 것이 중요합니다.

그리고 레드보다는 화이트를 마시면 좋습니다. 화이트는 레드에 비해서 평균 알코올 도수가 2~3도 가량 낮습니다. 그만큼 알코올을 적게 섭취합니다. 그리고 화이트는 상대적으로 단맛이나 부드러운 맛이 많아서 여성들이 마시기에 좀 더 친숙한 맛이 많습니다. 마트에서 가격 1~2만 원 사이에도 좋은 맛의 화이트 와인을 많이 찾을 수 있습니다.

마지막으로는 안주를 적게 먹는 것입니다. 와인은 치즈나 올리브 같은 안주를 많이 제시하는데요, 사실 치즈가 와인에 그렇게 어울리는 안주는 아닙니다. 전문가들이 와인을 시음할 때에는 바게트 빵으로 입안의 맛을 씻어내는 정도로만 합니다. 치즈처럼 향이 강하면 와인의 맛을 방해할 수도 있기 때문입니다. 고가의 좋은 와인은 그 자체만으로도 좋은 풍미를 내기에 특별히 안주가 필요하지 않습니다. 우리가 소주나 양주처럼 독한 술을 자주 접하다 보니 필수적으로 안주를 찾게 되었지만 사실 와인은 굳이 안주가 필요하지 않은 술입니다. 치즈를 먹는다 하더라도 조금만 먹거나 식사에 1~2잔 가량 곁들이는 것이 좋습니다.

그러나 어느 경우든, 과음은 금물입니다. 과음은 피부와 살의 적이니 말이죠.

15

와인앱 활용법

아마도 제 글에서 와인의 나라나 품종 등 아주 머리 아픈 이야기가 잘 나오지 않는 것을 보았을 것입니다. 이유는 훨씬 쉽게 배우는 방법들이 이미 온라인에서 많이 있고 최근에는 정보통신의 발달로 모바일앱도 많이 나오고 있기 때문입니다. 와인 전문가가 되는 것이 아니라 와인을 간혹 즐겨서 조금 내용을 알고 싶어 여기저기 글을 찾아보면 어렵지만 배우면 재미있다, 하는 내용들을 많이 보았을 것입니다. 레스토랑에 앉거나 전문 소믈리에로부터 와인을 설명듣고 배우는 것이 최고의 방법이기는 합니다만 쉽게 배울 수 있는 방법들이 있습니다.

비교적 널리 알려진 해외 도서는 <와인 폴리>입니다. 국내에 번역본도 나와 있습니다. 이 책의 저자는 전 세계적으로 몇 되지 않는 마스터 소믈리에 중한 명이며 과거 디자인 산업에서의 경험을 살려 와인 정보를 시각화하는데 탁월한 재능을 보여주었습니다. 웹 사이트에서 출발하여 와인 애호가들로부터 선풍적인 인기를 얻었습니다. 아마존에서 베스트셀러에 오를 정도로 인기가 많습니다. 책이 부담된다면 지금 'www.winefolly.com'으로 접속해 보세요. 영어를 잘 몰라도 와인에 대해서 어느 정도의 정보를 얻을 수 있습니다. 물론 저 같은 와인 전문가들에게도 상당히 깊이 있는 정보를 잘 정돈해서 제공하기 때문에 도움이 됩니다.

그러나 웹페이지 접근으로도 지금 내가 마트에서 마셔보는 와인에 대해서 정보를 알기는 꽤나 어렵기는 합니다. 국내에서도 최근에는 비슷한 앱들이 나오기는 합니다만 전 세계적으로 가장 인기를 끌고 있는 앱이 있습니다. 바로 '비비노(Vivino)'라는 것입니다. 이 모바일앱의 장점은 인공지능으로 와인 라벨 인식이 된다는 것입니다. 스마트폰 카메라로 와인 라벨을 촬영하면 가장 유사도가 높은 와인을 찾아줍니다 전 세계의 소비자들이 그 와인을 마시고 평가한 것을 찾아주고 가격 정보도 알려주기 때문에 매우 유용합니다. 유수의 와인 전문가로부터도 인정받을 정도로 편의성과 성능을 알려줍니다.

비비노에서 와인 라벨을 찍고 확인하는 법

제가 와인 공부를 할 때만 하더라도 책이 몇 권 없거나 엄청나게 두꺼운 전공서적을 뒤져야 했습니다. 물론 지금도 정식으로 와인 공부를 하려면 그런 책들을 수십 권 읽어야 합니다. 외국에도 많이 나가 보아야 하고요. 그러나 그런 과정으로 넘어가기 위해, 혹은 미래의 내 직업을 결정하기 전에 와인을 처음으로 배워본다면 꼭 어려운 전공서부터 시작할 필요는 없겠지요. 이 책을 통해서 충분히 와인에 대한 기초를 알아갈 수 있으며, 친구들과 마시는 와인에 대한 정보는 비비노와 같은 모바일앱이 대신 해 줍니다. 과거에 비해서는 와인 정보를 쉽고도 충분히 얻을 수 있는 길이 열려 있습니다.

이외에도 국내에서는 와인이십일 닷컴에서 제공하는 모바일 페이지와 와인 정보도 큰 도움을 줄 수 있습니다. 원하는 와인의 시음노트를 기록할 수 있기 때문에 자신만의 와인 노트를 만들 수도 있습니다.

다만 주의해야 할 점이 있습니다. 비비노나 모든 와인앱들이 제공하는 가격정보입니다. 가격은 소비자들에게 가장 민감한 부분인데 국내와 국외 가격은 다르며 유통 가격 역시 그때그때 다릅니다. 시간이 지날수록 가격이 바뀌는데 일반적으로 앱들은 전 세계에서 가장 싼 가격을 먼저 보여주기 마련입니다. 그렇기 때문에 와인앱을 쓰더라도 가격 정보의 신뢰도는 낮다고 보는 것이 좋습니다. 일반적으로 와인에도 권장 소비자가격이라는 것이 있는데 이 산정 기준이 수입사에 따라서 제각각이기 때문에 소비자 신뢰도는 낮습니다. 외국도 마찬가지라서 구매한 사람들의 가격이나 판매자들이 제시하는 가격 기준에 따라서 싸게 내는 경우도 있기 때문에 국내 가격과 차이가 많이 날 때가 있습니다.

와인이 국내에 대중적이지 않을 때에는 와인 가격이 불투명한 경우가 많았으나 지금은 경쟁이 격화되어 높은 마진을 남겨서는 절대로 시장에서 생존할 수 없습니다. 그러니 앱에서 나오는 외국 가격이 국내에 비해서 싸다고 해서 너무 화내거나 국내에서 폭리를 취한다 생각하지 마세요. 우리나라 세금이나 유통 구조가 복잡하니 말이지요.

와인 라벨 수집법

아마 아주 예쁜 와인 라벨을 본 적이 있을 것입니다. 그렇다면 갖고 싶어서 집에 전시하는 경우도 있겠지요. 그러나 병을 계속 모으다 보면 집에 병이 가득 차게 되는 경우가 많습니다. 하지만, 솔직히 이야기해서 병보다는 그 라벨이 예쁜 경우가 많습니다. 병의 모양은 큰 차이가 없기 때문이지요. 코르크를 모으는 경우도 많으나 코르크 역시 부피가 상당하기 때문에 모으는 것을 권장하지는 않습니다. 저처럼 와인은 수백 종류씩 맛보는 사람은 나중에 코르크가 한 푸대자루가량 나올 수도 있습니다. 그래서 제가 추천하는 방법은 라벨을 모아보라는 것입니다. 병에서 라벨을 떼어내는 것은 꽤나 귀찮은 일이기도 합니다만, 와인의 라벨을 모아두면 아주 멋진 컬렉션이 됩니다. A4용지에 모아두어도 좋고 사진첩 등에 꽂아두어도 좋습니다. 자 그러면, 병에서 라벨을 모으는 방법을 알아볼까요?

1. 뜨거운 물

저의 경험에 따르면 90% 이상의 와인은 이 방법으로 라벨을 뗄 수 있습니다. 온라인에도 찾아보면 이 방법으로 라벨을 뗐다는 이야기를 볼 수 있습니다. 그러나 이 책에서는 좀 더 상세하게, 그리고 조심해야 할 사항들을 설명합니다.

준비물: 장갑, 예리한 커터, 떼어낸 뒤 붙여둘 종이, 깔때기

1) 뜨거운 물을 라벨이 있는 곳까지 붓습니다. 깔때기를 너무 붙이면 수증기가 올라오면서 물이 튈 수 있기 때문에 간격을 주어가며 붓습니다.

2) 1분 정도 기다린 후 라벨의 모퉁이 부분에 칼을 살짝 넣어봅니다. 약간 끈적거리면서 라벨이 떨어질 것 같으면 천천히 칼을 더 넣어서 적당히 공간을 확보합니다.

3) 만약 접착력이 약하다면 온도가 낮은 경우에도 잘 되나 일반적으로 낮은 온도에서 떨어지는 와인은 드뭅니다. 온도가 올라가고 라벨이 떨어질 것 같으면 양쪽 가장자리에서 서서히 떼어가면서 천천히 잡아당깁니다.

4) 마지막에 당기고 나면 라벨이 돌돌 말리는 경우가 많습니다. 따라서 마지막 떼어낸 다음에는 서둘러서 종이에 붙이는 것이 좋습니다.

① 깔때기를 붙이고 물을 붓습니다.
② 열이 오르면 코너에 칼을 살짝 끼워 봅니다.
③ 서서히 라벨을 당깁니다.
④ 떨어진 라벨을 종이에 붙입니다.

* 주의사항: 와인은 중요한 정보가 백라벨(뒷라벨)에 있는 경우도 많습니다. 그렇기 때문에 라벨을 수집할 때에는 앞면보다는 뒷면도 꼭 살펴서 함께 모으는 것이 좋습니다.

2. 물에 불리기

이탈리아나 일부 국가, 혹은 아주 오래된 와인의 경우에는 풀을 발라 라벨을 붙이는 경우가 많습니다.

* 준비물: 욕조, 따뜻한 물, 커터, 마른 수건

1) 욕조에 물을 받고 와인 여러 병을 담가둡니다.

2) 1시간가량 지나서 라벨이 적절하게 떨어질 것 같으면 서서히 떼어냅니다. 단, 풀로 붙이는 라벨의 경우 일반적으로 종이의 재질이 물에 녹거나 풀어지는 경우가 많습니다. 이때에는 서둘러서 꺼낸 다음 조심스럽게 떼어내야 합니다.

3) 떼어낸 뒤에는 마른 수건 사이에 라벨을 놓고 말립니다.

3. 라벨 제거 스티커 사용하기

1번과 2번의 방법으로 제대로 떼어지지 않는 경우가 있습니다. 이 경우에는 부득이하게 라벨 제거 스티커를 사용해야 합니다. 라벨 제거 스티커는 비싸지만 떼어낸 뒤 모양도 멋지고 수집한 보람도 있습니다. 그러나 몇 장에 가격이 웬만한 와인 한 병 가격 정도 나갑니다.

이 라벨 제거 스티커를 써야 하는 경우는 몇 가지가 있는데 위조를 막기 위해 풀과 접착제를 섞어서 쓰는 경우입니다. 드물게 이탈리아나 프랑스의 포도원들에서 이러한 방법을 쓰는데 라벨을 쉽게 뗄 수 없습니다.

1) 설명서를 보면 마음처럼 잘 안됩니다. 문제는 사람의 마음이 급해서입니다. 서둘러 라벨을 떼고 싶어 하지요. 이때 필요한 것은 끈기와 에너지입니다. 어린 시절 판박이 붙이던 기억이 날 것입니다. 판박이를 할 때에는 손으로 최대한 문질러서 접착면이 완벽하게 접착되도록 하는 것이 중요하지요. 그 기억을 떠올리며 코르크로 아주 오랜 시간 문질러주어야 합니다.

2) 천천히 스티커를 들어 올리되, 결나서 라벨이 찢어지거나 뒷면에 구멍

이 날 것 같으면 서둘러 그 시점에서 멈추고 그 부분을 더 문질러서 접착력을 올려주어야 합니다. 그렇지 않으면 라벨이 찢어질지도 모릅니다.

① 라벨 제거 스티커를 붙입니다.

② 코르크로 병을 열심히 문질러 줍니다. 아주 많이 문질러야 합니다.

③ 병을 완전히 덮은 상태에서 확인합니다.

④ 서서히 뜯어냅니다.

⑤ 종이에 붙여 넣습니다.

4. 포기해야 할 병들

병에 아예 각인이 되거나 병에 인쇄가 된 경우는 라벨을 제거할 수 없습니다. 비닐이나 필름 형태의 라벨이 붙어 있는 경우도 라벨을 제거할 수 없습니다. 손으로 뜯어내려면 필름이 늘어나버리고 뜨거운 물을 붓게 되어도 역시 라벨이 열에 약하여 녹거나 수축하는 일이 발생합니다. 이 경우에는 아쉽지만 병을 보관하거나 사진으로 보관해야겠지요.

왼쪽 두 개의 와인은 필름형 라벨입니다. 뜨거운 물을 부으면 필름이 녹습니다. 나머지 세 개는 병에 완전히 라벨이 각인된 경우이므로 떼어낼 수 없습니다.

5.

친구들과 **와인** 마실 때
있어보이기

①

연도를 어떻게 맞출 수 있을까

혹시 〈신의 물방울〉이라는 만화를 기억하나요? 그 만화에는 거의 신의 경지에 도달한 천재적인 후각과 미각, 표현력을 가진 사람들이 나옵니다. 그리고 한 모금만 마시고는 연도와 지역, 생산자의 이름까지 술술 이야기합니다. 과연 현실적으로 가능할까요? 일부는 가능할 수 있고 일부는 불가능합니다. 그렇다면 1만 개 이상의 와인을 마셔본 이 책의 저자는 과연 맞출 수 있을까요? 저자의 경험으로는 10%도 맞추기 어렵습니다. 10%라는 것은 그냥 툭 내던져보는 수준으로 이야기해서 그중 하나가 맞는다고 할 정도입니다. 그렇기 때문에 와인을 맞춘다는 것은 거의 불가능에 가깝습니다. 전 세계의 그 수많은 생산자와 이름을 다 맞출 수는 없다는 얘기입니다.

그렇다면 나는 어떻게 연도를 맞출 수 있을까요? 이것은 입에서 느끼는 것이 아니라 마치 추리하는 것과 같습니다. 우선 너무 오래된 연도는 아닙니다. 누군가 오래된 와인을 갖고 온다 하더라도 생산된 지 10년 미만의 와인을 갖고 올 확률이 90% 이상입니다. 5년 미만일 확률은 70~80%입니다. 다음은 와인의 색상을 봅니다. 레드인가요? 화이트인가요? 레드라면 5년 미만, 화이트라면 더 앞으로 당기세요. 최근 3년 이내로 봅니다. 이미 많이 줄어들었죠? 이제 색상을 세밀하게 봅니다. 레드 와인의 경우 보라색이 많이 돌수록 최근 와인일 가능성이 높습니다. 그리고 잔의 반대쪽이 비춰 보이는지를 보세요. 반대쪽의 색상이 잘 보이지 않을수록 최근 와인일 가능성이 높습니다. 물론 아닌 와인도 있지만 일반적으로는 이럴 확률이 높다는 이야기입니다. 보라색이 도는 레드 와인이라면 최근 1~3년으로 볼 수 있습니다. 루비색이 돌고 있다면 최근 2~5년 사이로 우선 가정합니다.

와인 색상 예시. 잔을 비추어보고 잔의 테두리 부분의 색상도 보는 것이 좋습니다. 잔의 테두리 부분에 갈색 기운이 돈다면 오래된 와인입니다.

화이트 와인의 경우에는 색상의 농도를 보는 것이 좋습니다. 색상이 맑고 투명할수록, 또 진하지 않을수록 최근의 와인일 확률이 높습니다. 일반적으로 1~2년 이내로 보는 것이 좋습니다. 그렇다면 일단 기본 대상군이 줄었습니다. 화이트는 상대적으로 연도를 맞추기가 쉽습니다. 일반적으로 수입된 뒤 1~2년 이내 소비하는 것이 좋고, 생산도 이에 맞춰 되기 때문입니다.

그렇다면 이때부터는 확률 게임입니다. 우선은 지금 와인을 마시는 연도에서 2년 정도를 빼봅니다. 이 글을 쓰고 있는 지금은 2019년이니 2017년이 겠군요. 화이트 와인은 2017년을 먼저 이야기해 보고, 레드 와인은 여기서 1년을 더 빼 봅니다. 지금이 2019년이므로 아마 2016년을 먼저 부르면 생산 연도를 맞출 확률이 높아집니다. 레드는 약간 숙성된 와인들의 맛이 좋기 때문에 기본적으로는 수입사들이 3년 정도 된 것을 선호합니다. 이 경우에 해당될 수 있겠지요. 유통되기도 좋고 맛도 좋기 때문입니다.

앞서 이야기한 바와 같이 화이트 와인의 경우 색상이 매우 맑다면 최근 연도를 보는 게 좋습니다. 남반구의 경우 수확시기가 우리의 봄에 해당되는 때이기 때문에 곧바로 생산해서 선적할 경우 한국에는 그 해 가을이나 겨울에 통관됩니다. 즉, 생산된 다음 해에 한국에 출시가 되지요. 색상이 매우 밝은 노란빛이라면 일단 마시는 연도에서 1년을 빼는 것이 좋습니다. 그렇게 해서 연도를 맞춰볼 수 있습니다.

와인의 색상은 와인이 만들어진 연도를 말해주는 가장 좋은 기준입니다. 다만 언제인지가 중요하지요. 그래서 색상을 유심히 보고, 앞서 이야기 한 연도 기준을 잘 살피면 됩니다. 이렇게 해서 와인의 생산 연도를 맞출 확률은 어느 정도 될까요? 경험상으로 보면 약 30%가 되지 못합니다. 그러니 틀려도 너무 실망하지 말고 친구나 지인들과 재미있는 놀이를 한다고 생각하고 접근해보세요.

포도를 어떻게 맞출 수 있을까

앞에서 이야기 했던 것처럼 〈신의 물방울〉이라는 만화에서는 초월적인 능력을 갖춘 주인공들이 등장합니다. 와인에 코만 대어보고 포도원의 이름과 연도, 그 포도원에 엮인 스토리에 이르기까지 줄줄 이야기하는데, 가능한 이야기일까요? 와인의 이름을 알고 있을 경우 스토리를 기억해서 이야기하는 것은 가능하겠으나, 코를 대고 어느 와인인지 맞추는 것은 매우 어렵습니다. 그런데 어떤 사람들은 실제로 와인의 포도나 포도원들을 맞추는 것을 볼 수 있습니다. 특히 훈련이 많이 된 소믈리에들의 경우에는 말이지요.(20대 후반–30대 초반의 여성 소믈리에들 후각이 가장 발달했다고 알려져 있습니다.) 물론 이 글을 쓰는 저 같은 경우에도 약간 추론을 할 수는 있는데요, 모든 와인은 아니어도 한두 와인 종류는 맞출 수 있다는 것이 정설입니다.

와인에 대한 경험과 포도를 맞추는 확률은 정비례합니다. 즉, 많이 맛본 사람이 많이 맞추는 법이지요. 그러나 경험이 적더라도 집중력을 갖추어서 살펴보면 알아볼 수 있는 팁이 있습니다. 친구들과 와인 마시면서 포도를 맞추는 게 꼭 중요하거나 생사를 가르는 일은 아니기에 재미삼아 한 번 해보면 좋을 것입니다. 그리고 생각보다 많이 맞추는 것에 놀라게 될 것입니다. 결론은 '아니면 말고'지만 포도를 살펴보는 좋은 단초가 될 수 있습니다. 다음의 방법은 제가 쓰는 방법이기도 합니다. 제가 신이 아닌 이상 와인을 다 맞춘다는 것은 불가능이고, 나름의 제 추론 기준이 있습니다. 그리고 의외로 간단합니다. 혹시나 저를 만나서 제가 와인의 포도를 잘 맞추어도 이런 단순한 규칙에 의거한다는 점을 알아주세요.

1. 화이트 와인(확률 50%)

* 풀냄새가 나면 소비뇽 블랑이다.

* 색상이 너무나 창백하고 밝으면 더욱 소비뇽 블랑이다.

* 노란빛이 상당히 많이 나면 샤르도네다.

* 버터 스카치 같은 달달한 느낌이 나면 샤르도네다.

* 색상이 밝은데 달콤하고 알코올이 안 느껴지면 리슬링이다. (약간 석유 냄새 비슷한 느낌이 들면 거의 확실)

* 이도저도 다 아닌 것 같으면 모르겠다고 한다.

2. 레드 와인(확률 40%)

* 색상이 잔 반대쪽이 창백하게 비칠 정도로 맑으면 피노 누아르다. (확률 40%)

* 체리, 딸기 향이 나면 더욱 피노 누아르다. (확률 70%)

* 과일 향이 강하게 나는데 떫은맛이 전혀 없으면 시라 혹은 쉬라즈다.

* 떫은맛이 제법 많이 난다면 카베르네 소비뇽이다.

* 박하사탕같이 민트 느낌이 난다면 카베르네 소비뇽이다.

* 자주색이 많이 도는데 잘 모르겠다면 프랑스 보르도나 미국 나파를 외쳐본다. (확률 30%)

* 이도저도 다 아닌 것 같으면 모르겠다고 한다. (이 경우 대부분 여러 품종을 섞는 경우가 많음)

색상이 밝고 살구빛이 나는 로제 와인 등은 품종이 너무나 다양하기 때문에 맞추는 것은 불가능에 가깝습니다. 주정강화 와인이라고 갈색이 도는 강한 와인 역시 포도 품종 맞추기가 매우 어렵지요. 실제로 뮈스카(Muscat)이라는 품종은 유럽 전역에 퍼져 있으며 변종이 100여 가지나 됩니다. 동네마다 이름을 달리 부르는 경우도 부지기수입니다. 마치 '부추'를 영남에서는 정구지라 부르고 서부경남에서는 소풀이라는 단어로까지 이야기하는 것처럼요. 굳이 우리가 그런 명칭까지 다 알아야 할 이유는 없겠죠.

그러면 마지막으로, 소믈리에들은 와인을 정말 정확하게 잘 맞출까요? 물론 어느 정도 맞출 수 있겠지만, 이들에게도 어느 정도의 족보와 사전출제, 그리고 공부해야 하는 교범같은 와인들이 있습니다. 운동선수처럼 혹독하게 혀와 코를 훈련하는데, 하루에 수십 종류의 와인을 마셔보기도 하고 선배 소믈리에들로부터 훈련을 받기도 합니다. 코가 예민해야 하기 때문에 아침시간에 컨디션 좋을 때를 골라서 향을 맡아보고 동물적인 감각을 키우려 노력합니다. 앞서 이야기 한 바와 같이 '많이 맛본 사람이 많이 맞춘다'는 원칙을 벗어나지는 않습니다. 그러나 소믈리에가 아닌 우리가 평생 몇 종의 와인을 맛볼까요? 그렇게 많지는 않을 것입니다. 차이는 바로 거기에서 온다고 보아야겠지요.

자 이제 실전입니다. 지금 눈앞에 있는 와인의 포도는 무엇일까요?

대충 보고 좋은 와인 골라내기

　세상에서 가장 비싼 와인은 일반적으로 로마네 콩티라는 프랑스 부르고뉴 지역의 와인으로 알려져 있습니다. 워낙 고가인데다가 해마다 국가별로 물량을 할당해주기 때문에 우리가 만나볼 수 있는 수준은 이미 넘어섰습니다. 2004년에는 300만 원대였으나 최근에는 2천만 원가량 합니다. 1병에 2천만 원을 걸기에는 이 글을 쓴 사람은 주머니가 너무 가볍습니다.

　잠시 주제를 돌려서 와인의 원가는 어떻게 될까요? 포도는 당연히 자연이 만들어주니 원가가 0원일 것이고요. 병값, 스티커값, 수확 때 인부의 인건비에 숙성해야 하니 참나무통(오크통)의 가격 정도 될 수 있을 것입니다. 그러나 아무리 최고급으로 한다 하더라도 와인 1병의 제조 원가가 수백만 원이 될 수는 없습니다. 와인의 가격에는 한계가 있습니다만, 포도원들 내부적으로는 나름 원가에 대한 기준들도 있고 생산에 들어가는 비용, 가격 책정 정책 등이 다릅니다. 그리고 자신들의 지향점도 있습니다. 와인도 상품이다 보니 시장에서 팔려야 하고, 그래야 계속 좋은 와인을 만들 수 있겠죠. 그래서 포도원들도 나름의 마케팅 정책과 와인을 잘 팔 수 있는 방법, 고객들에게 와인의 우수함을 알리기 위한 여러 가지 기준들을 정하고 있습니다. 이 기준을 확인할 수 있는 곳이 와인의 라벨이고, 그 라벨을 보고 좋은 와인을 먼저 알아보는 것은 와인을 즐길 때 필요한 중요한 감각 중 하나입니다.

　당연히 친구들과 와인을 즐기면서도 좋은 와인을 먼저 알아보는 것은 내가 맛있는 와인을 가장 많이 마실 수 있다는 것을 의미합니다. 그렇다면 상대적으로 품질이 좋거나 인증된 와인을 어떻게 알아볼까요?

　* 발포성은 Champagne라는 글자가 있다면 무조건 먼저 마셔라: Champagne. 어려워 보이지만 간단히 얘기하자면 샴페인이라는 단어는 누구나 알 것입니다. 앞에 잠시 나왔지만 샴페인은 사실 프랑스 샹파뉴 지역(샴페인을 불어 원어로 발음하면 샹파뉴)에서 생산되는 발포성 와인입니다. 이 와인은 엄격한 품질 관리체계가 구축되어 있기 때문에 저렴한 와인을 만들어낼 수 없는 구조로 되어 있습니다. 그렇기 때문에 이 글씨가 있는 와인이라면 무조건 먼저 드세요. 또한 발포성의 경우에는 기포가 금방 사라지기도 합니다.

　* 특정 단어에 집중하라: 다음의 단어는 잘 기억해두세요. 단일 포도밭(Single Vineyard), 스페셜 퀴베(Special Cuvee), 포도원에서 만든(Estate Grown), 리저브(Reserve, Reserva, Riserva), 와인메이커 특별(Winemaker selection), 선택된(Selected) 등의 단어입니다. 뭔가 특별해 보이지 않나요? 다른 와인들과 비교하기는 애매하지만 적어도 같은 포도원 내에서는 이러한 와인들이 더 높은 급인 경우가 많습니다. 물론 포도원들마다 자신들만의 특별한 와인을 만들어내기는 하고 특별한 이름도 붙이지만 이런 와인을 알아보려면 와인에 대해서 어느 정도 경험이 쌓여야 하겠죠. 처음 접할 때에는 이런 단어가 들어간 와인을 고르기만 하더라도 중간 이상의 와인을 먼저 고를 확률은 높아지겠지요.

* 이탈리아는 납세 증지와 같은 용지에 집중: 이탈리아 와인은 오래전부터 자신들의 와인을 고급화하기 위하여 인증지에 일련번호를 넣고 포도원들에 공급합니다. 그들은 등급제라 하지만 저는 포도원들로부터 세금을 잘 징수하기 위해서 만든 일종의 납세 증지라고 이야기합니다. 대신 특정 지역의 와인 품질에 대해서는 보증받을 수 있습니다. 가장 좋은 지역은 이 증지에 DOCG라고 쓰여 있으며 오래된 와인의 경우 분홍색 태그가, 최근의 와인에는 약간의 올리브색 태그가 붙어 있습니다. 이보다 등급이 낮은 와인의 경우 DOC라 쓰여 있으며 파란색 태그가 붙어 있습니다.(하늘색에 더 가깝습니다.) 이 증지만 보고도 와인의 가격을 대충 맞출 수 있습니다. 이 태그는 병의 목 부분에 있으니 이러한 마크가 있다면 집중하세요.

오래된 와인에 붙는 분홍색 DOCG 태그

최근 와인에 붙는 올리브색 DOCG 태그

파란색 DOC 태그

* 검은 수탉과 독수리를 찾아라: 이탈리아와 독일은 유명한 조합이 있습니다. 특히 이탈리아 와인을 세계에 알린 키안티라는 와인은 약 900개의 포도원들이 가입되어 있는 키안티 조합이 있어서, 자신들의 조합 포도원은 병 상단에 검은 수탉 스티커를 붙일 수 있게 합니다. 이는 조합 내부의 품질 관리체계가 있다는 것을 뜻하며 실제로도 와인의 품질이 좀 더 낫습니다. 독일의 경우에는 VDP라는 조합이 있습니다. 역시 자생적인 조합인데, 이 조합은 병 상

단에 포도 모양이 함께 새겨진 독수리가 그려져 있습니다. 이 마크 역시 아무나 쓸 수 없습니다. 친구들과 와인을 마시는데 이러한 마크가 있다면 무조건 이것부터 마셔보세요.

키안티 VDP

이 정도만으로도 우리는 친구들이 마시는 와인을 넘어서서 좋은 와인을 어느 정도 맛볼 수 있습니다. 자, 친구들과 와인 한 번 사서 만나보세요. 그리고 당신 눈이 어디로 가는지 잘 살펴보세요.

와인의 향을 잘 알아보기

전문가들이 유창하게 와인의 향을 현란하게 설명합니다. 단어도 매우 독특합니다. 전혀 들어본 적이 없는 단어들이 나옵니다. 어쩜 저렇게 유창할까요? 사실 얄밉기도 하지만 부러운 것도 사실입니다. 그러나 이것은 전문가들의 전유물이 아닙니다. 여러분들도 누구나 와인의 향을 잘 알아보고 잘 맞추어내는 전문가가 될 수 있습니다.

저는 아들의 개성을 존중한다는 미명 하에 아들 방을 잘 치워주지 않는 편입니다. 그래서 아들 방은 언제나 묘한 남자 냄새로 가득 차 있습니다. 어느 날인가 여름날에 들어가면 아들의 땀 냄새가 그렇게 유쾌하지만은 않게 코를 자극합니다. 나는 이것이 아들의 불결함인가 생각도 했지만 오래전 아들의 중간고사 감독을 들어가서 알게 되었습니다. 교실 가득 그 냄새가 가득 차 있었던 것입니다. 생각을 해 보니, 이맘때 아이들이 크면서 나는 체취였던 것입니다. 가만히 생각해보면 어린 시절 시골 할아버지 집을 갔을 때가 떠오릅니다. 말쑥하게 보이고 정돈이 잘 된 매끈한 마룻바닥이지만 묘하게 집안 전체를 감싸는 냄새가 있었습니다. 아직까지도 그때의 냄새가 그렇게 유쾌하게 기억되지는 않습니다.

이처럼 우리는 이 냄새라는 것에 집중하는 경우가 많습니다. 남자들은 혜어진 옛 연인과 같은 향수나 유사한 화장품 향기를 맡으면 과거의 추억에 빠집니다. 특정한 음식 냄새, 숯불에 구수하게 구워내는 향기나 찌개가 끓는 소리와 냄새는 부른 배도 절로 고파지게 만드는 매력이 있습니다. 그렇기 때문에 저의 생각에 냄새야말로 인간을 유혹하거나 혹은 배제할 수 있는 가장 확실한 수단이라고 생각합니다. 남자는 시각, 여자는 청각에 즉각적인 유혹을 느낀다고는 하지만, 냄새는 남녀 모두에게 묘한 매력을 느끼게 하고 기억을 떠올리게 하는 것 같습니다.

그런 관점에서 향이 절대적으로 중요한 부분을 차지하는 기호품을 꼽자면 커피, 향수, 그리고 와인이 아닐까 생각합니다. 향수는 그 존재 목적 자체가 향에 있으니 논외로 두어야 할 것이고, 음용하는 것으로는 커피와 와인이 가장 섬세하겠죠. 그러나 그 향의 복잡도로 생각해 본다면 단연코 와인이 그 으뜸이 아닐까 생각합니다.

와인을 즐기는 이들 중에서 가장 부러운 전문용어를 꼽으라면 연도를 뜻하는 빈티지, 땅과 자연을 의미하는 테루아 같은 눈에 보이는 것보다도 블랙커런트, 카시스, 라스베리, 스트로베리, 리코라이스 등 알 수 없는 다양한 향의 키워드일 것입니다. 냄새에 대한 관능성은 개인별로 수천 배 차이가 날 정도로 편차가 크기 때문이기도 하지만, 우리가 늘 익숙하게 맡는 냄새 그 자체가 복합적으로 섞여서 다가오기 때문입니다. 그리고 우리는 그 냄새를 늘 맡아서 잘 안다고 생각하지만 의외로 그 냄새에 대해 무지한 경우가 많습니다. 우리가 자주 접하는 귤, 사과, 수박, 참외, 복숭아, 파인애플, 배와 같은 과일들도 와인을 시음할 때에는 의외로 찾아내기가 의외로 어렵습니다.

그래서 소믈리에나 와인 전문가들은 아로마키트라는 전문 도구를 활용하지만 그 가격이 만만치 않으니 쉽게 접하기는 어렵습니다. 그리고 일반 소비자들에게 가장 다가가기 어려운 기준도 바로 아로마 부분입니다. 제가 권장하는 것은 향을 잘 느끼기 위해서는 평소에 냄새에 관심을 가지라는 것입니다.

어떻게 하면 향에 대해서 관심을 가질 수 있을까요? 의외로 인간의 머릿속은 단어와 잘 연결되어 있습니다. 단어를 지속적으로 반복하는 것만으로도 머릿속에 해당 향에 대한 사항을 각인시킬 수 있습니다.

더 좋은 방법은 소리 내어 읽는 것입니다. 향을 쉽게 찾아내는 것이 힘든 이유는 그 향과 연결된 단어를 우리가 쉽게 찾아내지 못하기 때문인데, 이러한 기억구조를 만드는 방법으로 심리학에서는 소리 내어 생각하기(think aloud)라는 방법을 제시합니다. 실험에서도 소리 내어 암기하는 것이 단순히 글을 읽으며 암기하는 것보다 좋은 결과를 보여주는데, 이때 시각이나 청각 후각과 같은 다른 자극요소가 있으면 함께 연동되어 기억되기 때문입니다. 유치원에서 어린이들에게 그림카드를 보여주면서 소리 내어 읽게 만드는 것 역시 같은 맥락이라 볼 수 있습니다. 자, 그렇다면 각각의 세부 항목으로 들어가 볼까요?

1. 평소 접하는 과일의 향을 입안으로 잘 느끼고 기억하기: 복숭아와 같은 과일은 한 철만 나오기 때문에 그 향을 잘 파악하기 힘듭니다. 그러나 우리가 복숭아 주스 혹은 통조림의 단맛을 빼고 생각해보면 묘한 복숭아의 아로마를 느낄 수 있습니다. 특히 백도 복숭아, 살구, 자두, 체리 같은 과일들은 자신만의 개성 있는 맛과 향이 있으므로 먹을 때마다 반복하여 기억해보면 도움이 됩니다. 특히 우리가 기억하기 어려워하는 것이 귤입니다. 익숙해서 쉽게 잊어버립니다. 이 귤 역시 신맛과 단맛이 조화를 이루지만 말린 귤껍질을 손에 문질러 코에 대어 보면 의외로 다양한 향이 올라오는 것을 느낄 수 있습니다. 물론 이런 향이 와인에서 느껴지면 자신 있게 말하세요. "귤껍질 향이 나는데요!"

2. 말린 과일, 견과류, 등 건조된 식재료의 향과 풍미 기억하기: 호두와 아몬드는 쉽게 향이 구분됩니다. 특유의 기름기 있는 느낌도 있지만 마카다미아

같은 견과류도 특유의 고소한 향이 있습니다. 이 견과류를 씹을 때 조심해서 숨을 잘 들이켜 쉬면 그 향이 잘 드러납니다. 호두 같은 경우에는 약간 떫은맛을 주면서 고소한 기름기 맛을 전해주지요. 이처럼 견과류의 향은 기억이 상대적으로 수월합니다. 다음으로는 말린 과일류입니다. 특히 블루베리나 블랙베리, 블랙커런트 등 말린 과일의 향은 신선한 상태보다 훨씬 강해집니다. 이 과일들의 향은 지금 마트에 달려가면 말린 견과류 코너에 거의 다 있습니다. 이 말린 과일들을 잘 씹어서 입안의 느낌을 기억하는 것이 좋습니다. 좀 더 호기심이 생긴다면 우리 전통 열매류(오미자, 보리수, 오디, 복분자 등)도 입안에 한 번씩 넣어보고 씹어보면 좋습니다.

3. 여러 음료의 맛을 비교하기: 콜라에도 특유의 향이 있습니다. 특히 김 빠진 콜라는 묘한 질감과 캐릭터가 있습니다. 만약 와인에서 이러한 느낌을 받았다면 나만의 표현 방법이 생기는 셈입니다. 환타, 맥콜, 심지어는 발포성 생수에 이르기까지 여러 음료를 두고 맛을 보는 연습을 해 보는 것도 좋은 방법입니다. 그리고 그 음료들이 어떤 맛을 대표하는지도 눈여겨보면 좋습니다. 요즘 발포성 생수를 보면 자몽, 라임, 레몬 향이 나는 경우가 많은데 이러한 향과 맛을 잘 기억해두면 와인 맛을 볼 때 도움이 될 수 있습니다.

4. 로네펠트 티(Ronnefeldt tea): 특정 차 종류에 대해서 이야기하는 것이 적절하지 않을 수 있겠지만, 이 전통 있고 세련된 티 하우스의 차는 진하면서도 그 이름에 걸맞은 적절한 아로마를 확실하게 전해줍니다. 약간 가격이 나가기는 하지만 아로마를 느끼는 데 있어서 더할 나위 없는 좋은 공부가 될 수 있다고 생각합니다. 페퍼민트, 레드베리 등 다양한 아로마들을 경험할 수 있으므로 기회가 되면 다양하게 경험해 보면 좋습니다. 아울러 설명서에는 어떤 향이 더 강하게 나는지에 대한 설명을 잘 해 두었기에 와인과 조합해보는 데

도 도움이 됩니다.

5. 숲에 가면 숨을 크게 들이쉬기 : 숲의 공기만큼 사람의 기분을 안정적으로 바꾸어주는 것도 없습니다. 숲에서는 피톤치드(phytoncide)라는 성분이 나온다고도 하지만, 적절한 습기와 함께 나무에서만 전달될 수 있는 묘한 평안한 느낌이 드러나기 마련입니다. 신선한 화이트 와인에서는 이런 신선한 숲의 아로마가 많이 나는데, 이런 느낌은 향이라기보다는 오로지 숲이라는 자연이 주는 그 어떤 것입니다.

우리 주변은 향으로 가득 차 있습니다. 자연에서 출발한 것이 와인의 향입니다. 조금만 관심을 가진다면 당신도 와인에 대해서 나만의 주관을 뚜렷하게 가진 사람이 될 수 있습니다. 와인만큼 다양하고 개성이 많은 술도 없으니 말이죠.

우리말로 와인을 예쁘게 표현해보기

앞장에서 향에 대해서 이야기를 했습니다. 그렇지만 말로 표현하는 것이 쉽지는 않습니다. 이럴 때 우리말로 눈을 잠시 돌려봅시다. 우리말이 얼마나 아름다운 어감을 갖고 있는지 이 책을 읽는 이들에게 굳이 설명하지 않아도 모두 다 공감하리라 봅니다. 그런데 와인의 맛을 표현할 때에는 외국 기준에 맞게 표현합니다. 다음의 시음기를 한 번 감상해볼까요? "색상에 있어서 짙은 루비톤이 전해진다. 림 부분은 진한 바이올렛 톤이어서 어려 보인다. 이 와인은 블랙커런트, 카시스, 리코라이스 계열의 부케와 아로마가 전달되며, 시간이 지나면 입안에서 강렬한 산도가 전달된다. 피니시도 강인하다." 가만히 보니 조사나 동사 빼고는 모두 다 영어이거나, 전혀 모르는 단어들입니다. 이것이 와인 전문가들(외국을 포함)과 소통하는 데에는 맞는 단어이기는 하나, 우리가 와인을 어렵게 느끼게 만드는 중요한 요인이기도 합니다.

이런 것들은 이 책을 쓴 저도 언제나 고치려고 무던히 애를 쓰는 부분입니다. 전문가들이나 외국과 소통에는 도움되지만 대중성은 없는, 어쩌면 현학적이고 주관적인 표현이지요. 그렇다면 이 사이의 간극을 줄이는 방법은 뭐가 있을까요? 바로 고운 우리말의 어감을 쓰는 것입니다. 우리말은 형용사가 발달한 언어입니다. 즉 감정 표현이 풍부하다는 것입니다. 대신 우리말은 명시적이지 못합니다. 예를 들어서 우리는 푸르다가 녹색과 파란색 두 가지 개념이 다 섞여있을 정도니 말이지요. 외국의 경우 파란색도 코발트 블루, 씨 블루 등 등 다양한 색상 표현 단어가 있습니다. 대신 형용사적 표현은 우리말에 비해 부족합니다. 해결법은 바로 여기에서 있지 않을까 싶습니다.

다음의 단어를 한 번 찬찬히 읽어볼까요?[*]

* 느루: 한꺼번에 몰아치지 아니하고 오래도록
* 바림: 채색을 한쪽은 진하게 하고 점점 엷게 하여 흐리게 하는 일
* 자갈자갈: 여럿이 모여 나직한 목소리로 지껄이는 소리
* 달보드레: 달달하고 부드럽다.
* 사품: 어떤 동작이나 일이 진행되는 순간
* 안다미로: 그릇에 넘치도록 많이
* 모도리: 빈틈없이 아주 야무진 사람
* 포롱거리다: 작은 새가 가볍게 날아오르는 소리
* 그루잠: 깨었다가 다시 든 잠
* 윤슬: 햇빛이나 달빛을 받아 반짝이는 잔 물결
* 미쁘다: 믿음성이 있다. 믿을 만하다.
* 자늑자늑: 동작이 진득하게 부드럽고 가벼운 모양
* 가르거나: 쪼개지 않고 자연 그대로의 상태로
* 시나브로: 모르는 사이에 조금씩 조금씩
* 늘품: 앞으로 좋게 발전할 품질이나 품성
* 아스라이: 보기에 까마득할 정도로 멀게

---

[*] 생각보다 우리말 단어 하나가 가지고 있는 함축적인 의미가 상당히 많습니다. 다음은 '말도 예쁘고 뜻도 아름다운 우리말 모음(www.newsnack.me/the-word-collection-is-beautiful-and-meaningful-39/)'에서 발췌하였습니다.

이 낱말들을 읽어보니 예쁘게 표현하기에 좋은 단어들이 정말로 많은 것 같습니다. 제가 이 단어를 사용해서 포도주의 느낌을 몇 가지 써 보겠습니다.

* 이 샴페인의 잔속에 귀를 기울이니 그 소리가 포롱거린다. 색상을 빛에 비추니 윤슬 같은 느낌이 부드럽게 전해진다.

* 이 와인에서는 블루베리, 체리의 느낌이 안다미로 벅차게 전달된다. 호주의 바로사 지역에서 미쁜 포도원 중 하나인 ○○는 접하지 못한 기간 시나브로 품질을 향상시켜왔다. 늘품한 포도원이라 할 수 있다.

* 이 와인은 그루잠을 잔 것과 같다. 아마도 숙성이 되다가 중간에 잠시 깬 다음 오랜 숙성기간에 들어간 것 같다. 아마도 그루잠을 깨면 더 훌륭한 모습을 보여줄 것 같다.

* 이 디저트 와인의 캐릭터는 달보드레하다. 어떤 와인은 달콤함이 과하여 입안을 쓰리게 하는 느낌을 주지만 전혀 그런 느낌을 주지 않고 부드러우며 섬세하다. 입안을 온으로 감싸준다.

* 훌륭한 바림의 느낌을 주는 마무리의 와인이다. 처음에 강인한 느낌이 입안에서는 서서히 스러지나 그 느낌이 미쁘며 시나브로 사라진다.

* 내추럴 와인의 특징은 가르거나함이라 할 수 있다. 있는 그대로의 모습으로 우리에게 안정감 있는 모습을 준다.

이 글을 읽는 독자 여러분에게 어떤 느낌을 주는지는 단언하기 어려우나, 적어도 저의 생각에는 참으로 예쁘고 섬세한 것 같습니다. 우리말에는 우리말에서 날 수 있는 예쁘고 섬세한 표현들로 기록을 남기면 매우 재미있는 경험이 될 수 있습니다. 굳이 전문가들이 말하는 외국어 가득 찬 단어 표현도 필요할지 모르나, 나만의 개성감이 있는 표현으로 와인을 느껴보는 것도 좋은 방법일 것입니다.

와인 잔을 잡는 법과 건배

다양한 경우에 와인을 접하게 됩니다. 스탠딩 파티에서 와인을 마시는 경우도 있고 고급 레스토랑에서 와인을 마시는 경우도 있습니다. 와인 잔은 어떤 형태로 잡아도 전혀 문제가 없습니다. 그러나 좀 더 멋있게 잡는다면 어떤 자리에서든 돋보이겠지요.

기본적인 와인 잔 잡기

와인 잔을 잡는 방법입니다. 기본적으로는 스템을 잡고 있는 것이 의외로 편합니다.
[촬영 협조: 홍수경님, JW 메리어트 호텔 더 플레이버즈]

다음은 잔을 잡는 세 가지 방법입니다. 특히 스탠딩일 때에는 스템보다는 잔 아래를 잡아주면 더 우아하게 보일 수 있습니다.

아래 잡기 　　　　　　 보울 잡기 　　　　　　 스템 잡기

플루트 잔 잡기

플루트 잔은 세로로 좀 더 가는 편입니다. 그래서 보울 잡기는 약간 어렵습니다. 이때는 잔의 옆을 잡아주는 것도 좋습니다. 파티에서 리셉션에 와인을 주는 경우에는 대부분 서 있어야 하기 때문에 보울이나 아래 잡기를 권장합니다.

아래 잡기 　　　　　　 보울 잡기 　　　　　　 스템 잡기

와인을 서빙 받을 때

와인을 서빙 받을 때에는 주로 소믈리에가 따라줍니다. 원칙적으로는 손을 대지 않는 것이 정답입니다. 잔을 들지 않는 것이 기본이지만, 한국에서는

윗사람이 잔을 따를 때 약간 잔을 들어주는 것도 예의에 어긋나지 않습니다. 해외 와인메이커들도 한국에 오면 와인 받을 때 잔을 드는 사람들이 있습니다. 로마에서는 로마법을 따라야지요.

와인을 서빙 받을 때에는 잔 바닥에 손가락을 살짝 올려주면 좋습니다. 소믈리에가 와인을 설명해줄 때에는 소믈리에 얼굴을 보는 게 좋고, 별 이야기가 없으면 와인 잔을 보는 게 덜 어색합니다.

건배할 때

건배는 특히 한국 사람들이 많이 어색해 하는 부분입니다. 소주잔으로 건배할 때에는 대부분 소주잔을 보지만 와인의 경우는 다릅니다. 와인으로 건배할 때에는 서로의 눈을 쳐다봅니다. 처음에는 어색하지만 익숙해지면 오히려 더 친근감을 느낄 수 있습니다.

*권장하지 않는 사례 : 이렇게 잔을 보고, 특히 와인 잔 위를 치는 것은 잔이 깨질 염려가 큽니다. 대부분 우리나라는 이렇게 건배를 많이 합니다.

*권장하는 사례 : 건배할 때는 서로의 눈을 보고, 잔은 옆의 가장 넓은 부분을 부딪치게 합니다. 안전하고, 마시는 사람끼리 친숙함을 배가할 수 있습니다.

향을 맡을 때와 시음할 때

와인은 편하게 즐기는 술이기는 하지만 소주나 양주와 달리 향이 매우 중요한 요소를 차지합니다. 그리고 와인메이커 디너 등을 갈 때에는 평소와 달리 와인 시음 방법을 조금은 알고 있는 것이 좋습니다. 첫 번째는 향을 맡는 것입니다. 잔을 기울이고 향을 깊이 맡아봅니다. 와인을 평가할 때에는 킁킁거리며 시음할 수 있으나, 디너에서는 이렇게 하면 결례가 됩니다. 그리고 난 뒤 와인을 입에 조금 넣습니다. 이렇게 해서 맛을 확인합니다. 전문가들은 와인의 관능 평가를 위해 가글링을 하지만, 지인들과 자리에서는 이렇게 하지 않는 것이 좋겠지요.

각각 향을 맡을 때와 시음할 때 포즈입니다. 고개를 약간 숙이고, 잔도 좀 기울여주는 것이 좋습니다.

와인 사진 찍기

사진만큼 좋은 기억은 없습니다. 와인을 마실 때 와인 사진은 여러 가지 의미가 있는데, 최근에는 와인 정보를 알려주는 데에도 큰 역할을 담당합니다. 레스토랑에서 함께 찍은 와인 사진은 내가 매우 스타일리시한 자리를 함께 했다는 것을 자랑하는 방법일 수도 있습니다. 그냥 먹었던 음식과 와인의 사진을 찍어서 올리는 것도 좋으나 와인을 조금 더 고려해서 사진을 찍는 것도 좋을 테지요. 그렇다면 몇 가지 팁을 알려드리겠습니다.

* 아래만 찍지 말 것: 와인에 있어서 포도 품종이나 생산지는 물론, 연도도 매우 중요한 역할을 합니다. 유명한 와인일수록 생산연도를 중요하게 생각하기 때문에 별도의 라벨로 병 위에 연도를 찍어두는 경우가 있습니다. 가짜를 막기 위해서 코르크에 연도를 각인하는 경우도 있지요. 무심코 병 아래만 사진을 찍는다면 나중에 연도를 잊게 되는 경우가 많습니다. 저 같은 경우에도 이 연도를 자주 빼먹고 찍어서 나중에 마셨던 와인의 연도를 기억하지 못하는 경우가 매우 많았습니다. 사실 와인을 기록하면서 가장 자주, 많이 잊게 되는 것이 바로 와인의 생산연도입니다. 그러니 와인의 전체 병 모습을 찍는 것이 좋습니다.

* 뒷면까지 찍을 것: 요즘 와인 라벨은 그냥 그림만 그려두는 경우도 많습니다. 프랑스나 이탈리아의 경우 앞면에 알코올 도수, 생산지역, 와인의 등급 등을 반드시 기재하도록 법제화되어 있지만 미국이나 다른 국가들은 규제가 약해서 더 자유로운 라벨을 만드는 경우도 있습니다. 이때에는 앞면에 와인의 정보를 알 수 있는 데이터가 거의 없지요.

라벨에 정보가 없거나 매우 적은 경우들

  그러나 법률적으로 '알코올은 몸에 해롭다'와 같은 문구나 알코올 도수, 제품 코드 관리를 위한 바코드 등 기본적인 정보들은 기재되어 있어야 합니다. 이때 보아야 하는 곳이 뒷면입니다. 일반적으로 와인 정보는 앞면보다 뒷면에 훨씬 많습니다. 해당 국가의 단어로 빼곡하게 쓰인 경우도 많으나 일반적으로는 영어와 생산국가의 언어로 쓰는 경우도 많습니다. 많이 수입되는 와인의 경우 생산국가에서 한국어 백라벨을 만들어서 들어오는 경우도 있습니다. 그렇기 때문에 기록할 때는 뒷면의 사진도 함께 찍는 것이 좋습니다.

  * 코르크를 찍어두는 것도 좋다: 코르크가 와인에 주는 영향은 생각보다 큽니다. 특히 그 길이와 품질이 중요한데요, 포도원들이 많은 공을 들이고 비

싼 돈을 주고 사오는 것이 코르크입니다. 코르크에는 포도원의 특유 문양이 찍히는 경우도 있으며, 간혹 가짜 와인을 감별하기 위해서 생산연도를 새기기도 합니다. 그리고 코르크가 와인과 닿아있던 부분은 와인의 보관 상태를 설명해 줍니다. 지금 막 개봉한 와인의 경우 이 보관 상태를 가장 잘 볼 수 있습니다. 생산된지 얼마 되지 않은 코르크는 색이 잘 배어있지 않습니다. 그러나 오래된 와인은 이 부분에 찌꺼기나 침전물이 묻는 경우도 있으며, 색상도 매우 진합니다. 도장을 찍을 정도가 되지요. 그렇기 때문에 와인의 코르크 사진은 별도로 찍어두면 좋습니다. 간혹 코르크를 모으는 경우도 있는데, 코르크는 시간이 지나면 말라버리고 볼품없이 변합니다. 와인 상태를 확인하기도 어렵기 때문에 이것은 권장하지 않습니다.

　* 와인 1잔, 와인 병을 함께 찍는 사진: 와인의 상태를 설명할 때는 색상이 중요합니다. 좋은 조명에서 와인 1잔, 그 다음으로는 와인의 병 전체를 찍습니다. 이렇게 하면 시간이 지난 뒤에도 와인의 색상과 라벨을 함께 기억할 수 있습니다. 경우에 따라서는 코르크를 함께 찍어도 좋은데, 코르크 상태가 아주 좋거나 오래된 경우, 혹은 포도원의 문양이 각인된 경우에 해당됩니다. 코르크 자체에 연도까지 각인하는 포도원도 있으니 잘 살펴보세요. 자 한 번 앞의

상한 와인을 알아보는 방법

음식물은 상하면 먹을 수 없습니다. 그러나 와인은 상해도 먹을 수 있습니다. 상한 것을 어떻게 먹느냐고요? 이상하게 들리겠지만, 와인에는 유통기한이 없고, 언제든지 팔 수 있습니다. 그렇다고 해서 천년만년 갈 수 있는 것은 아닙니다. 그리고 유통 과정에서 열에 노출되거나, 코르크에 문제가 발생되거나 하여 와인의 맛이 이상하게 변하는 경우들이 있습니다. 이런 경우를 통틀어 와인 전문가들은 '와인이 상했다'고 이야기합니다. 이 '상했다'는 것은 탈이 나는 것이 아니라, 제대로 된 맛을 낼 수 있는 상태가 아니라는 의미입니다. 와인의 맛이라고 하는 것은 정말로 다양한 특징이 있다고들 하지만, 일반적으로 이야기할 수 있는 상한 와인은 있습니다. 아주 미묘하게 문제가 생긴 와인들은 전문가들도 쉽게 알아보기 어렵습니다. 그러나 일반 와인 소비자들도 와인의 상태를 의심할 수 있는 다양한 방법들이 있으니, 다음의 팁들은 알고 있는 것이 좋겠지요.

* 코르크가 바싹 말라있거나 끊어지거나, 옆에 와인이 새어나온 모습이 있으면 의심하라: 코르크는 와인을 산소 접촉으로부터 막아주는 가장 중요한 요소입니다. 그런데 이 대문에 문제가 생기면 어떻게 될까요? 코르크의 역할

은 적절한 수준의 와인을 흡수한 상태, 즉 젖은 상태로 와인을 보호해주는 것입니다. 젖어있으려면 깨끗해야 하며 적정 수준의 습도를 유지해야 합니다. 그런데 만약 이 적정한 습도가 유지되지 못한다면 말라버리고 수축되겠지요. 수축된 코르크는 틈을 만들게 되고 틈 사이로 산소가 들어오면 와인은 산화됩니다. 산화되면 신맛이 지나치게 강하게 되어 제대로 된 맛을 내지 못합니다. 이런 경우도 전문가들은 상했다고 합니다. 두 번째로는 코르크가 특별한 곰팡이에 감염되어 이 맛이 와인에 스며드는 경우입니다. 이 경우는 전문가들이 판별해야 하며, 플라스틱이나 압축 코르크인 경우에는 이런 일이 생기지 않으니 걱정하지 않아도 됩니다.

* 호일이 병에 눌어붙어 있다: 호일은 와인 병 위를 씌워주는 알루미늄 혹은 비닐 보호재입니다. 만약 와인이 열을 받아서 흘러넘치게 되면 이 사이에 끼이게 되고 말라버리게 됩니다. 이런 경우는 와인의 품질을 의심하는 것이 좋습니다.

* 와인, 특히 오래된 와인은 빛과 열에 매우 취약하다: 간혹 어르신 집에 가면 멋진 유리 장식장 안에 세워진 상태로 있는 와인을 볼 수 있습니다. 볕이 잘 드는 따뜻한 곳에 보관해두는 경우들이 많지요. 하지만 빛과 열은 와인의 적입니다. 와인의 병 색상이 짙은 이유도 와인이 직사광선을 받게 되면 색상이 변하는 경우가 많기 때문입니다. 특히 화이트 와인이나 샴페인, 그 중에서도 고급 와인에서 이런 현상이 많이 발생합니다. 더운 여름의 차량 내 열에 노출되는 경우에도 와인은 부풀어 오르게 되어서 변질되는 경우가 많습니다. 그러니 집에서 보관한 와인이 이런 환경에 오랫동안 노출되었던 것이라면 일단 상태를 한 번 의심하고 가야 합니다.

* 탁하면 일단 의심하라: 와인은 맑아야 합니다. 와인에 따라서 정제(필터링)하지 않은 경우에는 탁한 경우도 있으나 우리가 구매할 수 있는 일반적인 와인은 색상이 맑아야 정상입니다. 그럼 맑은 색은 어떻게 알아볼까요? 밝은 불빛 아래에서 잔을 비추어보면 됩니다. 색상이 매우 탁한 경우에는 와인의 상태가 정상은 아니라고 보는 것이 좋습니다.

두 와인은 모두 같은 와인, 같은 연도입니다. 오른쪽은 정상이고 왼쪽은 상한 와인입니다. 구분이 잘 안 갈 수 있지만 왼쪽은 많이 탁한 상태입니다. 잔 주변으로 갈변된 상태도 확인할 수 있습니다.

* 불쾌한 냄새라 생각하면 일단 의심하라: 와인은 포도로 만들었고, 포도는 과일입니다. 과일의 향이 어떠한가요? 포도는 포도 향, 딸기는 딸기 향, 망고는 망고 향, 바나나는 바나나 향이 납니다. 머릿속에 떠오르는 향기는 모두 행복하고 기분 좋습니다. 신선하면서 입안에 침이 고이게 만들죠. 그럼 불쾌한 향을 생각해볼까요? 아, 생각하면 기분이 나빠질터이나, 여러분들에게 상한 와인의 느낌은 알려드려야 하니 이야기하겠습니다. 축축하게 젖어버린 신문지 냄새, 장마철 제대로 마르지 않은 수건에서 나는 냄새, 지하실 내려가면 퀘퀘묵은 이상한 곰팡이 냄새, 기억나시나요? 절대로 나에게 좋은 추억을 줄 것 같지는 않습니다. 와인에서 이러한 향이 좀 나는 것 같다고 생각이 되면 일단 의심하세요.

다음의 경우는 이상한 것이 아닙니다.

* 찌꺼기는 상한 것이 아니다: 와인을 마시며 생기는 가장 큰 오해 중 하나는 마지막에 찌꺼기가 나오는 것입니다. 어떤 경우에는 돌멩이처럼 생긴 것이 나오기도 하고요. 레드 와인인 경우에는 고운 입자 같은 것이 와인을 뿌옇게 만들기도 하고 화이트 와인은 반짝반짝 빛나는 입자같은 것이 나타날 때도 있는데, 대개 마지막 잔에 이런 일이 생깁니다. 그러나 이러한 것들은 모두 와인 생산 공정에서 가능한 것으로써 와인이 상한 것은 아닙니다. 오히려 더 좋은 품질의 와인들에서 이런 경우들이 자주 발생합니다.

고급 와인은 마지막잔에 찌꺼기가 나올 수 있습니다. 맛을 더 깊이 뽑기 위해서인데, 불량이 아닙니다.

* 호일을 벗겼는데 파란 곰팡이가 있다: 만약 진득한 검은 곰팡이가 있다면 의심을 하십시오. 그러나 파란 곰팡이만 있다면 와인이 보관된 환경이 습한 곳이어서 자연스럽게 곰팡이가 생긴 것입니다. 오히려 보관된 상태가 좋은 것이라고 생각해도 좋습니다. 오래된 와인들은 이런 형태의 곰팡이들이 있는 경우가 많습니다.

화이트 와인은 사진처럼 병 아래 흰 가루같은 것이 앉는 경우가 있는데 주석산이라 하여 와인에서 자연적으로 생성되는 것으로, 정상입니다.

* 상한 와인을 만났을 때에 대처는?

레스토랑이라면 와인 담당자, 혹은 주인을 부르세요. 만약 집에서 와인을 개봉했다면 와인을 구매한 곳에 전화를 해보시기 바랍니다. 만약 문제가 있다면 와인은 반품을 받아줍니다. 백화점인 경우에는 일반적으로 담당자들이 확인하고 교환하거나 환불해줍니다. 그러나 와인을 반 병 이상 마신 뒤 상했다고 하고 환불해달라 하는 것은 적당하지 않겠죠? 일반적으로 와인을 처음 마셨을 때 문제가 있다 싶으면 바로 코르크 뒤로 막은 뒤 냉장고에 보관해두고, 그 상태로 교환 혹은 환불받는 것이 맞는 방법입니다. 레스토랑의 경우 전문 소믈리에들이 먼저 시음하고 상태를 확인해주니 그럴 걱정은 없겠지요.

9

금단의 영역, 친구집 셀러 뒤지기

요즘은 젊은 층을 중심으로 집에 와인 셀러라는 와인 냉장고를 두는 경우들이 있습니다. 셀러는 사람의 마음과 같습니다. 비어 있으면 가득 채우고 싶고, 가득 차 있으면 마시고 싶습니다. 마시다 보면 빈 것을 채우려 다시 와인을 삽니다. 그런데, 이 책을 쓰고 있는 나는 와인 셀러를 갖고 있지 않습니다. 그렇다면 저는 어디에 보관하냐고요? 냉장고 야채칸에 신문지 말아서 넣어둡니다.

아주 민감한 이들은 이렇게 이야기합니다. '냉장고는 와인의 온도를 유지하기에는 정밀하게 온도를 지켜주지 못한다', '냉장고를 열 때마다 진동이 발생하거나 온도 차이가 발생하고 이는 와인 품질을 저해시키는 요소가 된다', '냉장고의 여러 음식물 냄새가 와인의 코르크를 타고 들어간다' 이야기도 합니다. 그러나 적어도 나의 경험으로 이 정도로 손상될 와인이라면 정말로 포도원 지하에 보관시켜두거나, 그 포도원에 가서 마시는 것 말고는 제맛을 볼 방법은 없습니다. 와인이 오는 과정에서 흔들리고 열에 노출되는 경우도 많지요.

우리가 시중에서 구매할 수 있는 와인들은 대부분 이 정도의 환경은 충분히 견딜 수 있습니다. 꼭 셀러가 아닌 서늘하고 그늘진 곳이라면 어디든 와인을 보관할 수 있습니다. 아파트의 베란다 등 서늘한 곳이면 여름이 아닌 이상 와인 보관에 충분합니다. 그러나 셀러는 최상의 상태를 유지하고 곧바로 마실 수 있도록 만들어주기 때문에 셀러를 구매하는 경우가 많지요.

　자, 그렇다면 친구집에 갈 때 셀러를 살피는 방법은 무엇이 있을까요? 첫째, 친구 셀러의 와인을 한 병 빼서 마셔야 한다면 한 병은 채워주는 게 좋습니다. 둘째, 친구의 동의를 반드시 얻으세요. 와인의 가격은 천차만별입니다. 특히 친구가 열어서는 안 된다는 와인을 억지로 마시자고 우기는 경우도 있습니다. 와인도 술이기 때문에 분위기에 따라 좌우되는데, 친구들이 취기에 분위기 따라 와인을 마시자고 하는 것이죠. 이 글을 쓰는 저는 주변에서 셀러를 열어서 비싼 와인을 마신 뒤 친구들과 사이가 나빠지거나, 집에 오신 손님들 때문에 마음이 불쾌했다는 경우를 많이 들었습니다.

　그래서 가장 좋은 방법은 셀러를 열지 않는 것입니다. 대신 친구에게 셀러를 소개해달라 하면 자신이 좋아하는 것들을 맘껏 자랑할 것입니다. 혹은 와인을 마시자고 이야기하면 친구가 직접 셀러에서 적절한 것을 꺼내서 가지고 오게 하는 것이 좋습니다. 와인을 잘 아는 사람이라 하더라도 내 와인 지식만 생각해서 마음껏 열어보자고 하는 것은 결례가 될 수 있습니다. 반드시 허락을 받고 셀러를 열어보기 바랍니다.

　행여나 셀러를 열게 되었다면 반드시 생산 연도에 주의하세요. 오래된 와인은 가격이 높을 수도 있습니다. 혹은 자녀나 주인의 태어난 연도 와인일 수도 있습니다. 또는 어떤 특정 이벤트(결혼 10주년 같은)에 마실 생각으로 산 와인일 수도 있습니다. 그런 와인을 실수로, 혹은 취기에 까게 된다면 대단한 결례가 될 수밖에 없겠지요. 따라서 친구의 집에 가더라도 셀러가 있으면 마음대로 열거나 하지 말고 반드시 물어본 뒤, 조심스럽게 다루어 주세요.

레스토랑에서
와인 즐기기

호텔 레스토랑 고르기

대한민국의 호텔산업은 1988년 서울 올림픽을 앞두고 빠르게 성장했고, 더불어 세계적인 체인 호텔들이 속속 문을 열고 오픈하기 시작했습니다. 강북의 서울시청을 중심으로 관공서와 다양한 기업들의 행사를 유치해서 전통을 이어가고 있는 롯데 호텔이나 조선 호텔, 플라자 호텔, 그리고 서울역 뒤켠에 있는 밀레니엄 힐튼 호텔은 그 이전부터 강북의 터줏대감 역할을 해오고 있습니다. 기본적으로 특급 호텔의 레스토랑은 정찬을 의미하는 '다이닝'을 표방합니다. 뷔페 레스토랑으로부터 시작하여 중식 혹은 일식을 담당하는 오리엔탈 레스토랑, 그리고 서양의 음식을 다루는 프렌치 레스토랑 혹은 이태리 레스토랑으로 구성되어 있습니다. 최근에는 트렌디한 바 문화를 도입하여 시그니쳐 바와 라운지의 역할을 함께하는 업장들도 새로운 형태로 개장하고 있습니다. 예를 들어서 플라자 호텔의 경우에는 외부 기업의 도움으로 새로운 형태의 레스토랑들을 입점시키는 파격을 보여주기도 했지요.

국내의 특급 호텔에서 유명하고 특색있는 레스토랑을 소개하면 다음과 같습니다.

롯데 호텔 소공점 35층 '피에르 가니에르(Pierre Gagnaire)' 프렌치 레스토랑. 셰프들이 가장 존경하는 셰프로 꼽히는 피에르 가니에르 셰프의 이름을

그대로 사용한 레스토랑으로 '프렌치 음식'의 정수를 느껴 보고 싶다면 한번
쯤은 방문할 가치가 있는 레스토랑입니다. 물론 가격은 매우 높으나 그에 걸
맞는 서비스와 서울의 풍광을 볼 수 있습니다. 일 년에 두 번 정도 피에르 가니
에르 셰프가 방문할 때에는 갈라 디너도 꾸준히 열리고 있으니 그 시기에 맞
추어 방문해 보는 것도 더 좋은 경험을 선사해줄 것입니다.

피에르 가니에르

조선 호텔 20층에 위치한 일식당 '스시조'는 보고 음미하는 요리인 일식에 현대적인 감각을 불어넣었으며, 스시조의 명물 중 하나인 히노키 스시 다이는 350년 된 히노키 나무를 15년간 자연 건조시켜 일본의 전문 장인이 만든 것으로 일본에서도 유래를 찾기 힘든 최상의 것이라고 합니다. 프라이빗하게 스시를 즐길 수 있도록 라이브 스시룸도 별도로 운영하고 있습니다.

밀레니엄 힐튼 호텔의 이태리 레스토랑 '일폰테'는 이태리어로 '다리'를 뜻하며 국내 호텔업계 최초의 이태리 레스토랑으로 편안한 분위기에서 이태리 각 지역의 풍미를 맛볼 수 있습니다. 일폰테는 직접 뽑아낸 신선한 파스타를 비롯하여 이태리식 생선 요리와 나폴리식 피자를 맛볼 수 있으며 10명까지 자리할 수 있는 소규모 별실과 총 50명까지 행사를 치룰 수 있는 별실이 마련되어 비즈니스 미팅 및 가족 모임에도 적절한 공간입니다.

플라자 호텔은 호텔 내 식음 업장으로 미슐랭 별을 받은 레스토랑을 입점하는 과감한 운영을 펼치고 있습니다. 청담동에서 플라자 호텔 3층으로 이전한 '주옥'은 원스타를 받은 한식 레스토랑으로, 신창호 셰프가 천연 발효 식초와 직접 담근 전통장을 이용하여 제철 식재료의 조합을 연구하여 내놓은 메뉴로 구성이 되어 있어 좋은 평을 이끌어 내고 있습니다.

광화문에서 가장 가까운 포시즌 호텔은 체인 호텔 중에서 럭셔리 컨셉만 고집하는 최고의 브랜드로 정평이 나 있습니다. 2016년 미쉐린 가이드 '서울' 편에 호텔 레스토랑 중에서 중식당 '유유안'이 유일하게 선정되어 많은 주목을 받았습니다. 모던 중국 패션의 절정을 찍었던 1920년 상하이, 그 화려함을 모티브 삼아 디자인한 중식 전문점 유유한은 비취색과 금색, 대리석의 은은하고 고급스러운 조화가 매력적인 곳으로, 광둥식 요리를 앞세우고, 인기 메뉴인 베이징 덕과 주말 브런치도 이용해볼 만합니다.

서울시청에서 조금 거리를 두고 있지만 우리나라 최고의 호텔로 손꼽히고 있는 신라 호텔에는 우리나라 최고의 뷔페 레스토랑 '파크뷰'가 있습니다.

원목과 대리석의 자연 친화적 인테리어와 남산의 녹음이 어우러진 올 데이 다이닝 공간으로, 7개의 라이브 키친에서 신선한 식재료로 다양한 한식, 일식, 중식, 양식을 맛볼 수 있으며 가족모임에 맞추어 방문한다면 모든 세대가 만족할 수 있는 공간입니다.

마지막으로 전 세계 1위의 호텔 기업인 메리어트 호텔은 130여 개의 국가에서 7천 여 개의 호텔 운영을 위해 30개의 브랜드를 이끌어 가고 있으며 서울에서는 강북과 강남에 럭셔리 컨셉의 'JW Marriott' 2개의 호텔을 운영하고 있습니다. 2014년 개관한 동대문 JW 메리어트 호텔의 BLT 스테이크 하우스는 와인과 매우 훌륭한 조합을 보여주며 시즌별로 바뀌는 음식을 경험할 수 있습니다. 서울 강남 고속 버스터미널에 연결되어 있는 센트럴시티 JW 메리어트 호텔은 '플레이버즈'라는 최고급 뷔페 레스토랑이 한국 와인을 함께 매칭하고 있습니다.

MIO

이처럼 서울에 위치한 특급 호텔은 다양한 컨셉의 레스토랑과 바를 함께 운영하고 있기 때문에, 각 호텔이 내세우고 있는 시그니쳐 레스토랑과 후기들을 참고하여 모임의 성격에 맞추어 선택한다면 기대 이상의 서비스, 혹은 최소한 실패하지 않는 결과를 안겨줄 것입니다.

Latitude32

Fait Maison

L'Espace

지인들과 즐거운 와인 자리가 되려면

저는 2000년대 초중반부터 와인을 마셨습니다. 그리고 많은 모임을 기획해 보았습니다. 하지만 이제 제 주변에 남은 와인 자리는 매우 적습니다. 여러 가지 이유가 있겠지만 마음에 맞는 사람들을 찾아가는 데는 오랜 시간이 걸렸습니다. 역설적으로 들리겠지만 와인보다 사람을 강조했던 사람들은 오래 가지 못했습니다. 자, 그렇다면 지인들과 즐거운 와인 자리를 만들고 인맥도 넓히려면 어떻게 해야 할까요? 다음의 사항들은 저의 경험과 주관적 견해에 따른 것이므로 일부 내용은 읽는 독자들과 견해가 다를 수도 있다는 점을 미리 밝힙니다.

* 와인 예산은 어느 정도 정하고 모이자: 과거 자유롭게 와인을 갖고 오는 모임이 있었습니다. 각각의 형편에 맞게 와인을 갖고 모였으나 종종 너무 비싼 와인을 갖고 오거나 너무 싼 와인을 갖고 오는 사람들이 있었습니다. 양쪽 모두 서로 간에 부담을 주는 경우가 많았습니다. 비싼 와인은 고맙기는 하나 다음에도 유사한 와인을 갖고 온다면 우리도 급을 맞추어야 하는데, 주머니 사정이 넉넉하지 않은 입장에서는 그 다음 모임에 나가기가 부담스러워지는 것이지요. 사람의 경제 사정은 언제나 들쭉날쭉하고 넉넉할 때가 있으면 궁할 때

도 있습니다. 이럴 때에 와인 예산이 정해져 있으면 그에 맞추어서 나의 예산과 와인 계획을 짤 수 있습니다. 주머니가 부족하면 두 번 나갈 자리를 한 번으로 줄여도 되겠지요. 어떤 경우든 조절은 개개인이 하는 것이며, 모임에서 예산을 정해두면 이런 부분을 자연스럽게 조율할 수 있습니다.

　* 식대와 와인 예산은 분리해서 : 와인을 준비하는 경우에는 와인 예산을 미리 정하고, 식대는 코스 요리가 아닌 이상 그날 나온 금액에서 나누어 지불하는 것이 공정합니다. 처음에는 누군가가 밥값을 다 낸다 하면 반기겠지만 시간이 갈수록 서로 간에 불만이 생깁니다. 알게 모르게 생채기가 나는 모임은 오래가지 못합니다. 식대는 서로 간에 공정하게 나누어서 지불하고, 와인 예산도 경우에 따라서 나누어서 분담하는 것이 좋습니다. 처음에는 좀 어색해보일지 모르나 시간이 갈수록 이렇게 서로 공정하게 나눈 모임이 더욱 오래 가고 관계도 공고해짐을 느끼게 될 것입니다.

　* 너무 많은 인원은 산만 : 와인을 즐기는 사람들은 양에 집착하는 사람과 종류에 집착하는 사람, 품질에 집착하는 사람 세 종류로 나눌 수 있습니다. 이 중에서 종류와 품질에 집착하는 사람들은 인원 많은 시음회 장소 등에서 내가 낸 회비만큼의 와인을 맛보지 못하면 불만을 갖는 경우가 많습니다. 특히 고가의 와인 1병을 매우 많은 사람들이 나눠 마시는 경우가 종종 있는데 피해야할 부분입니다. 아무리 고가 와인이라 하더라도 저의 경험상 8명은 넘지 않는 것이 좋습니다. 그 이상 되면 와인의 맛을 제대로 느끼기 어려운 경우가 많고 10명 남짓 되면 대화가 분산되어 소외되는 사람들이 많아집니다. 테이블이 반반 나뉘는 경험도 할 수 있습니다. 그러니 인원은 적절하게, 저의 경험으로는 최대 8명 정도로 하는 것이 좋습니다.

* 2차는 피하기: 와인 모임을 갖다 보면 반드시 불상사가 발생하는데, 불상사는 반드시 2차에서 생깁니다. 누군가가 물건을 잊어버리거나, 만취해서 추태를 부리거나, 혹은 남녀 간의 문제가 발생하거나, 정산 문제 때문에 그 다음에 얼굴을 붉히거나 하는 등의 일입니다. 언제든 모임은 1차에서 마무리 하는 것이 와인 모임에서 오래 좋은 관계를 유지하는 방법일 수 있습니다. 돈도 절약하고, 건강도 지키는 여러 이점이 있을 것입니다.

* 와인보다 사람을 강조하는 사람은 경계: 어떤 정이 많은 사람이 있습니다. 용모도 준수하고 주변에 인기도 많습니다. 그리고 와인을 마시면서 1차는 서로 나누어 내어도 2차는 다시 다른 패거리를 만듭니다. 다음날 들어보니 그 사람이 2차에서 뭔가 좋은 와인도 사면서 사람들과 친해졌다 합니다. 이런 이야기를 들으면 어떤 생각이 들까요? 나도 저 자리 갔었어야 하나? 다음에 만나면 나도 저 정도 내야 하나? 저 사람의 모임에 들어가고 싶은데, 등등 여러 생각이 들 것입니다. 그러나 사람을 강조하고 적극적으로 나오는 경우, 저의 경험으로는 원하는 바가 따로 있는 경우가 대부분이었습니다. 그 원하는 바가 비즈니스든, 이성이든, 혹은 다른 목적(심지어는 사기)이 있는 경우가 많았습니다. 하루 저녁 만나서 와인에 대해서 교감이 통했다고 그 사람을 알 수 있는 것은 아닙니다. 사람의 속내는 아무도 알 수 없습니다. 십년지기도 한 번 다투어서 헤어지기도 하는데, 와인을 통해서 너무 빨리 친해지고, 허물 없어지려 하는 것은 아무리 보아도 이상합니다. 인정적 면에 들떠버리면 어느덧 구설수에 오르거나 좋지 못한 결과를 얻는 경우를 많이 보게 될지 모릅니다. 언제나 지인들과의 자리에서 사람을 너무 앞세우면 조금은 유의하는 것도 좋은 방법일 것 같습니다.

콜키지 프리 매너

아무리 와인이 싸다고 해도 사실 다른 술에 비해서는 가격이 높습니다. 소주의 가격이 1천 원대인데, 와인은 최소 5천 원 이상입니다. 이 5천 원이라는 가격도 2019년 하반기나 되어서 믿을 수 없는 가격이라며 시장에 등장한 것이지요. 기본적으로 와인은 가격이 비싼데, 전문가가 서비스를 해주는 레스토랑이라면 와인 가격이 더욱 비쌉니다. 일반적으로 2~3만 원 하는 와인도 여러 가지 이슈(서비스 비용, 유통 및 세금의 차이 등)로 인해 5~6만 원이 되는 경우가 많습니다. 얼핏 보기에는 레스토랑의 와인 가격이 다른 술에 비해서 상당히 비싼 가격으로 보이겠으나 와인 자체의 단가가 높다 보니 상대적으로 비싸게 보일 뿐입니다. 소주 가격을 비교하여 생각해볼까요? 우리는 왜 식당에서 소주를 3~5천 원씩 주고 사서 마실까요? 슈퍼에서는 1천 원 남짓이면 사는데 말이죠. 이 비율은 모든 식음료 분야에서 동일하게 준용됩니다. 하지만 식당에서 소주 10병을 시키게 되면 4~5만 원이 나올 때, 와인은 10병 시키면 40~50만 원이 나오겠지요. 즉 와인은 병당 단가가 비싸서 더 비싸게 보일 뿐입니다.

그렇다 하더라도 두세 명이서 와인 값만 수십만 원 나온다면 와인 때문에 부담스러워서라도 레스토랑에 잘 가지 않을 것입니다. 이때 해결책은 고객이 와인을 갖고 간 뒤, 반입료를 레스토랑에 지불하는 것입니다. 이때 지불하는 돈을 '콜키지'라고 이야기합니다. 그런데 이 문제가 그냥 간단한 문제는 아닙니다. 여러 가지 얼굴을 붉히는 일들도 많이 발생합니다. 그래서 여기서는 와인 반입이 허용되는 레스토랑에 갈 때 감안하고 있어야 할 몇 가지 사항을 이야기해 보겠습니다.

* 무조건 식당의 정책을 따른다: 레스토랑에 방문하는 손님은 매출을 올려주는 소중한 존재일지 모르지만, 레스토랑의 규칙은 레스토랑의 주인이 만들겠지요. 당연히 그 규칙이 나와 맞지 않으면 가지 않으면 됩니다. 예를 들어 '반입은 1인당 1병만 허용, 최대 8명 한도, 1인 1dish 주문 기준', 이렇게 되어 있다면 이 규칙을 따라주어야 합니다. '다른 곳은 2병 받아준다, 인원 한도 없다' 등등 불만을 이야기할 이유가 없습니다. 이 규칙을 따를 수 없으면 '2병을 받아주는 곳'으로 가면 그만입니다. 이 레스토랑의 정책은 그렇구나 하고 따르면 그만입니다.

* 너무 싼 것은 갖고 가지 않는다: 얼마 전 마트에 4,900원짜리 와인이 등장했습니다. 와인 가격도 많이 대중화된 셈이죠. 하지만 원래 와인을 반입하도록 허용하는 이유는 우리 레스토랑이 고객의 요구를 모두 충족시키지 못하는 경우가 있으니, 고객을 배려하기 위함입니다. 세상의 와인이 수십만 가지가 되는데, 레스토랑이 다 비치할 수는 없겠지요. 그래서 좋아하는 와인을 마시겠다면 갖고 오라는 것이지만, 레스토랑의 가격대를 생각하여 그에 걸맞은 와인을 갖고 가는 것이 좋습니다.

* 주문은 인원수에 맞게 한다: 과거 한 식당에서 와인 반입을 허용했더니, 8명이 와서 가벼운 안주 하나 시켜놓고 와인을 8병 꺼낸 다음 와인을 모두 마시고 간 일이 있었습니다. 이 사람들은 레스토랑에서 저렴하고 품위 있게 와

인을 즐겼다 생각하겠지만 식당 입장에서는 8명에 간단한 안주면 자릿세도 나오지 않을 수준이겠지요. 가급적이면 인원수에 근접하도록 음식 등을 시켜주는 것이 좋습니다.

* 식당의 술은 최소 1병 주문한다 : 아무리 와인을 갖고 간다 하더라도 식당의 와인 중 합리적 가격의 와인은 최소 한 병 주문해주는 것이 예의입니다. 그 레스토랑의 와인 리스트에 대한 존중의 의미도 되며, 해당 레스토랑의 매출에도 당연히 도움이 되겠지요. 사실 이렇게 레스토랑의 입장을 고려해주면 알게 모르게 서비스가 나옵니다. 치즈 안주가 같이 나오거나 고기를 시켜도 더 푸짐하게 나오기도 하지요. 가는 정이 있으면 오는 정도 있는 법입니다.

* 유연성은 단골이 된 뒤에 : 대개 처음 방문하는 레스토랑에 무리한 요구를 하는 경우가 많습니다. 콜키지를 많이 빼 달라 하거나 여러 가지 규칙에 대한 불만을 늘어놓게 되지요. 그러나 레스토랑에서 규칙을 만드는 이유는 그간 많은 일들이 있었기 때문입니다. 이런 사항들은 단골이 되면 모든 것이 허용됩니다. 예의를 지키는 단골을 마다할 레스토랑은 없습니다. 콜키지를 받는 레스토랑은 특별히 콜키지를 면제해주거나, 혹은 받더라도 깎아주거나, 혹은 서비스 요리를 더 내어주기도 합니다. 서로 간에 신뢰가 쌓이고 이야기를 편안하게 할 수 있는 단계가 된다면 레스토랑은 당신에게 얼마든지 유연성을 보여줍니다. 그러니 대접을 받고 싶으면 단골부터 되세요. 그 레스토랑이 마음에 든다면 말이지요.

* 직원이나 담당자가 맛보도록 1잔은 배려 : 일반적으로 갖고 가는 와인은 레스토랑 담당자들이 시음해보도록 1잔 정도는 남겨두는 것이 좋습니다. 레스토랑 담당자가 맛보고 그 다음 번에는 그 레스토랑 와인 리스트에 반영

할 수도 있고, 새로운 와인을 맛볼 수도 있기 때문입니다. 레스토랑의 소믈리에들이 모든 와인을 다 아는 것이 아닙니다. 그렇기 때문에 그들도 여러 와인을 맛보려면 여러 경험이 필요한데, 고객들이 갖고 오는 다양한 와인은 좋은 기회가 됩니다.

*병을 챙겨오는 것도 예절: 사실 잘 잊는 사실이 있는데, 와인 병을 식당에서 폐기하려면 별도의 비용을 들여야 합니다. 구청에서 내는 마대자루로 병을 별도 폐기해야 하기 때문이지요. 공병 회수가 되지 않고, 무게도 무겁기 때문에 직원들이 고생합니다. 내가 갖고 갔던 와인의 빈 병을 다시 갖고 온다면 레스토랑에서도 수고로움을 덜겠지요. 물론 병에 대한 사항을 미리 물어보고 레스토랑에서 기꺼이 폐기해주겠다고 하면 고맙다고 하는 것이 예절일 것입니다. 물론 레스토랑 입장에서도 이 정도로 말을 해 주는 고객을 만나면 다음 번에 방문했을 때 대응이 어떨지는 다 알 것이라 생각합니다. 예의는 예의를 부르고 선의는 선의를 다시 부릅니다.

자, 이제 어느 정도 콜키지 관련된 사항을 충분히 이해하셨나요? 그렇다면 주변의 좋아하는 레스토랑, 혹은 맛집들 검색해 보실까요? 렛츠 고!

와인 추천 리스트

✈ 수입사 : 신세계엘앤비　🌐 shinsegae-lnb.com　☎ 02-727-1685

G7 카베르네 소비뇽 (G7 Cabernet Sauvignon)

자줏빛이 감도는 적색을 띠고 있으며 블랙체리, 딸기의 풍부한 향과 달콤한 모카 향, 초콜릿 여운이 복합적인 향미를 형성합니다. 입안에서 벨벳처럼 부드러운 탄닌의 감촉과 풍부한 과일 맛, 적당한 산미가 균형감을 이루어 다양한 종류의 음식과 곁들여 마시기 좋습니다.

종　류 레드	가　격 6천 원대
구매처 마트, 편의점, 체인형숍	활용처 캠핑

코노수르 비씨클레타 피노 누아르 (Cono Sur Bicicleta Pinot Noir)

체리, 라즈베리, 자두, 딸기 등 피노 누아르 특유의 다채로운 붉은 과일 향이 펼쳐지며 약간의 스모키한 여운이 남습니다. 입안에서 풍부한 과즙 맛과 섬세하게 정돈된 탄닌, 부드러운 질감과 짜임새를 보여줍니다. 순수하면서도 관능적이며, 심플하면서 우아한 피노 누아르의 상반된 매력을 느낄 수 있으며, 영국시장에서 가장 많이 판매되는 피노 누아르 와인 중 하나입니다.

종　류 레드	가　격 1만 원대
구매처 마트, 체인형숍	활용처 중요한 자리

코노수르 싱글 빈야드 샤르도네 (Cono Sur Single Vineyard Chardonnay)

연둣빛이 감도는 밝은 볏짚색을 띠고 있으며 자몽, 라임, 파인애플, 흰 꽃향이 어우러져 우아한 향이 납니다. 신선한 과일 향과 경쾌한 산미, 우아한 미네랄 여운을 느낄 수 있는 화이트 와인입니다.

종　류 화이트	가　격 5만 원대
구매처 마트, 일반숍, 체인형숍	활용처 -

코노수르 싱글빈야드 시라 (Cono Sur Single Vineyard Syrah)

진한 루비 색을 띠고 있으며 자두, 블랙베리 등 검붉은 과일의 폭발하는 듯한 향과 함께 제비꽃, 향신료 노트가 복합적인 향을 만들어냅니다. 입안 가득 느껴지는 과일 풍미와 함께 매끄러운 감촉으로 마무리되는 느낌이 인상적입니다.

종　류 레드	가　격 5만 원대
구매처 마트, 백화점, 체인형숍	활용처 중요한 자리

코노수르 오씨오 (Cono Sur Ocio)

잘 익은 딸기 등 붉은 과일의 진한 향과 은은하게 겹쳐지는 향신료 향, 담뱃잎 향이 우아한 여운을 선사합니다. 구대륙 피노 누아르 못지않은 복합적인 풍미와 와인의 골격을 잡아주는 산미가 일품입니다. 카사블랑카 밸리에서 재배한 포도를 손으로 수확해 만들어집니다.

종　류 레드	가　격 20만 원대
구매처 일반숍, 백화점, 체인형숍	활용처 선물

루이 자도 플뢰리 샤토 데 자크 (Louis Jadot Fleurie Chateau De Jacques)

진한 체리색을 띠고 있으며 붉은 과일의 신선하고 화사한 향과 진한 과즙 맛, 부담스럽지 않은 탄닌을 지녀 바로 마시기에도 좋고 취향에 따라 3~4년 더 두고 숙성해도 좋습니다.

종 류	레드	가 격	4만 원대
구매처	마트, 체인형숍	활용처	파티

루이 자도 부르고뉴 피노 누아르 (Louis Jadot Bourgogne Pinot Noir)

자두 등 진한 과일 향과 실크처럼 매끄러운 감촉, 입안에서 부드럽게 넘어가는 탄닌이 조화로운 맛을 선사하는 미디움 보디 스타일입니다. 빈티지에 따라 5~7년 더 두고 숙성해서 마셔도 좋습니다.

종 류	레드	가 격	3만 원대
구매처	마트, 편의점, 일반숍, 백화점, 체인형숍	활용처	파티

루이 자도 쥐브리 샹베르땡 (Louis Jadot Gevrey-Chambertin)

진한 색상, 딸기나 각종 붉은 과일의 집중된 향과 맛, 잘 다듬어진 풍부한 탄닌을 지닌 풀 보디 스타일로, 쥐브리 샹베르땡의 전형적인 모습을 보여주는 와인입니다. 전체적으로 향과 맛이 풍부하며, 5~8년 이상 두고 숙성할 수 있습니다.

종 류	레드	가 격	10만 원대
구매처	일반숍, 백화점, 체인형숍	활용처	중요한 자리

루이 자도 샤블리 프르미에 크뤼 '푸르숌므' (Louis Jadot Chablis 1er Cru 'Fourchaume')

빛나는 황금색을 띠고 있으며 신선한 향과 부드러운 감촉, 유질감, 긴 여운을 지닌 풀 보디 스타일의 화이트 와인입니다. 18개월 참나무통에서 숙성해 좀 더 복합적인 풍미와 보디감을 느낄 수 있습니다. 신선하게 즐기기에 좋지만 10~15년 더 두고 숙성할 수 있는 잠재력을 가지고 있습니다.

종 류	화이트	가 격	8만 원대
구매처	체인형숍	활용처	기념일, 중요한 자리

이기갈 꼬뜨 뒤 론 블랑 (E-guigal Cotes du Rhone Blanc)

비오니에 포도 품종 특유의 살구, 복숭아 등의 신선한 과일과 향긋한 아카시아 꽃이 어우러져 풍부한 향을 만듭니다. 신선한 과일의 풍성한 맛과 보디감이 느껴지며 우아한 여운을 남깁니다. 25년 된 포도나무에서 수확한 포도로 만들어집니다.

종 류	화이트	가 격	3만 원대
구매처	마트, 편의점, 일반숍, 백화점, 체인형숍	활용처	파티

이기갈 꼬뜨 뒤 론 루즈 (E-guigal Cotes du Rhone Rouge)

밝게 빛나는 진한 적색을 띠고 있으며 붉은 딸기 류의 풍부한 향과 향신료의 특징이 느껴집니다. 과일 향이 풍부한데도 입안에서 느껴지는 질감이 단단합니다. 끝맛에서 섬세하고 우아한 여운이 남아 좋은 균형감을 보여줍니다. 35년 된 포도나무에서 수확한 포도로 만들어집니다.

종　류	레드	가　격	3만 원대
구매처	마트, 편의점, 일반숍, 백화점, 체인형숍	활용처	파티

이기갈 꼬뜨 로띠 라 뛰르크 (E.Guigal Cote-Rotie La Turque)

블랙베리, 새콤한 체리 등 작은 과일의 진하고 강한 향이 느껴지며, 중심을 잡아주는 탄닌 맛과 산미의 균형으로 무게감이 있으면서도 우아함을 지니고 있는 뛰어난 와인입니다. 꼬뜨 로띠의 중후함과 여성스러운 두 가지 면모를 두루 갖춘 와인이며 25년 이상 더 두고 숙성할 수 있습니다.

종　류	레드	가　격	70만 원대
구매처	일반숍, 백화점, 체인형숍	활용처	선물, 기념일

이기갈 꼬뜨 로띠 라 랑돈 (E.Guigal Cote-Rotie La Landonne)

검은 과일의 진한 향과 감초, 여러 가지 향신료 향이 매력적이며, 입안 가득 채우는 탄닌이 진하면서도 군더더기 없이 매끄럽게 넘어가, 여운에서 느껴지는 깊은 맛이 뛰어납니다. 30~40년 이상 더 두고 숙성할 수 있는 와인입니다.

종　류	레드	가　격	70만 원대
구매처	일반숍, 백화점, 체인형숍	활용처	선물, 기념일

이기갈 꼬뜨 로띠 라 물린 (E.Guigal Cote-Rotie La Mouline)

잘 숙성된 크리안자 특유의 루비색을 띠고 있으며 은은한 꽃향기, 발사믹 향이 섬세한 개성을 만들어줍니다. 잘 익은 과일의 감미로운 맛이 입안을 가득 채우며 과실 느낌의 매력을 한껏 즐길 수 있는 와인입니다.

종　류	레드	가　격	70만 원대
구매처	일반숍, 백화점, 체인형숍	활용처	선물, 기념일

콜롬비아 크레스트 그랜드 에스테이트 골드 에디션 (Columbia Crest Grand Estate Limited Release Gold)

색과 향이 짙고 풍부하며, 입안을 가득 채우는 라즈베리 과일 풍미가 쌉쌀한 다크 초콜릿 느낌과 어우러지며 실크처럼 부드러운 감촉으로 다가옵니다.

종　류	레드	가　격	3만 원대
구매처	마트, 체인형숍	활용처	캠핑

콜롬비아 크레스트 H3 카베르네 소비뇽
(Columbia Crest H3 Cabernet Sauvignon)

카베르네 소비뇽 특유의 진한 과일 향에 다크 초콜릿을 입힌 체리처럼 달콤쌉쌀한 풍미와 함께 홍차, 삼나무의 흔적도 느껴집니다. 카시스같은 진한 과일 맛과 이국적인 향신료 느낌을 갖고 있으며 실크처럼 부드러운 질감, 섬세하게 다듬어진 탄닌의 긴 여운을 즐길 수 있습니다.

종 류 레드	가 격 5만 원대
구매처 마트, 일반숍, 체인형숍	활용처 캠핑

콜롬비아 크레스트 리저브 레드 월터 클로어
(Columbia Crest Reserve Red Walter Clore)

전통적인 보르도 스타일의 와인. 블랙베리, 블랙체리 등 검은 과일과 은은한 향신료, 감미로운 코코아 맛과 향이 느껴지며 품질 좋은 탄닌이 우아한 특징을 만들어냅니다. 와인에 향과 복합미를 더해주는 와루케(Wahluke) 지역의 포도, 과즙 맛을 살려주는 콜드 크릭(Cold Creek) 구획의 포도, 호스 헤븐 힐즈(Horse Heaven Hills)의 포도를 사용해 깊이감을 더해줍니다.

종 류 레드	가 격 10만 원대
구매처 일반숍, 백화점, 체인형숍	활용처 선물, 중요한 자리

플라네타 플럼바고 (Planeta Plumbago)

고목 나무에서 수확한 네로 다볼라로 양조해 신선한 과일 향과 부드러운 개성을 갖고 있습니다. 잘 익은 자두와 야생 블랙베리의 농밀함에 재스민 꽃, 블랙 트러플의 향이 더해졌으며 감미롭고 부드럽게 다듬어진 탄닌의 촘촘한 질감이 매력적입니다. 초콜릿 타르트처럼 달콤한 여운이 길게 남습니다.

종 류 레드	가 격 3만 원대
구매처 일반숍, 체인형숍	활용처 파티, 캠핑

플라네타 에트나 비앙코 (Planeta Etna Bianco)

복숭아, 흰 과일류의 향과 아카시아 꽃, 신선한 아몬드 향이 만족스러운 풍미를 만들어줍니다. 풍성한 과즙 맛과 미네랄, 산미의 균형이 뛰어난 와인입니다.

종 류 화이트	가 격 4만 원대
구매처 일반숍, 체인형숍	활용처 파티, 캠핑

플라네타 샤르도네 (Planeta Chardonnay)

부드럽게 압착한 포도즙을 프렌치 바리끄 안에서 낮은 온도로 발효, 225L들이 알리에산 오크통에서 11개월 숙성합니다. 와인의 절반은 새 오크에서, 나머지 절반은 2~3년 사용한 오크에서 숙성했습니다.

종 류 화이트	가 격 7만 원대
구매처 일반숍, 백화점, 체인형숍	활용처 선물, 기념일

플라네타 산타 세실리아 (Planeta Santa Cecilia)

밝고 활기찬 신선한 과일 같은 특징, 향신료의 자취, 오렌지 같은 산뜻함과 강력한 풍미를 두루 갖춘 매력적인 와인입니다. 잔에 따르자마자 잘 익은 블랙베리, 체리의 과일 풍미와 발사믹 향미를 느낄 수 있으며 촘촘하게 잘 다듬어진 탄닌의 우아한 질감이 마치 중저음의 바리톤 같은 느낌을 줍니다.

종 류 레드	가 격 7만 원대
구매처 일반숍, 백화점, 체인형숍	활용처 선물, 기념일

페데리코 파테니나 까바 브륏 (Federico Paternina Cava Brut)

밝은 볏짚 색을 띠고 있으며 섬세하고 가느다란 기포를 즐길 수 있습니다. 깔끔한 감귤류의 향과 은은한 꽃향이 느껴지며, 입안을 개운하게 해 주는 산미가 훌륭합니다.

종 류 스파클링	가 격 1만 원대
구매처 마트, 체인형숍	활용처 파티, 캠핑

페데리코 파테니나 리오하 크리안자 (Federico Paternina Rioja Crianza)

잘 숙성한 크리안자 특유의 루비색을 띠고 있으며 은은한 꽃향기, 발사믹 향이 섬세한 개성을 만들어줍니다. 잘 익은 과일의 감미로운 맛이 입안을 가득 채우며 프루티한 매력을 한껏 즐길 수 있는 와인입니다.

종 류 레드	가 격 1만 원대
구매처 마트, 체인형숍	활용처 파티, 캠핑

앙드레 클루에 브륏 나뛰르 실버 (Andre Clouet Brut Nature Silver)

레몬, 사과, 복숭아 등 풍부한 과일 향과 상큼한 목넘김, 은은하고 부드러운 기포가 고품격 샴페인의 전형을 보여줍니다. 100% 그랑크뤼 부지에서 재배한 피노 누아르로 양조했으며 가당 작업이 전혀 없는 브륏 나뛰르 샴페인입니다.

종 류 스파클링	가 격 7만 원대
구매처 마트, 백화점, 체인형숍	활용처 파티, 기념일

앙드레 클루에 그랑리저브 브륏 (Andre Clouet Grande Reserve Brut)

100% 그랑 크뤼 부지에서 재배한 피노 누아르로 양조해 6년 숙성시킨 샴페인으로, 적당한 산미와 우아한 미네랄이 균형잡힌 여운을 남깁니다. 로버트 파커가 '균형미와 복합미를 고루 갖춘 샴페인'이라고 표현했습니다.

종 류 스파클링	가 격 7만 원대
구매처 마트, 백화점, 체인형숍	활용처 파티, 기념일

투핸즈 엔젤스 쉐어 쉬라즈 (Two Hands Angel's Share Shiraz)

블루베리, 블랙베리, 서양자두의 진한 향과 은은한 흰 후추 향이 감도는 와인으로, 풍부하면서도 부드러운 질감을 가진 맥라렌 베일 지역 쉬라즈의 전형적인 스타일을 잘 보여줍니다. 블루베리 파이처럼 농축된 풍미와 부드럽게 다듬어진 탄닌의 촘촘한 맛, 말린 허브와 달콤한 향신료 향이 어우러져 긴 여운을 느낄 수 있습니다.

종 류 레드	가 격 5만 원대
구매처 마트, 일반숍, 백화점, 체인형숍	활용처 파티, 기념일

투핸즈 벨라스 가든 쉬라즈 (Two Hands Bella's Garden Shiraz)

검붉은 과일의 풍성한 향과 달콤한 향신료 향, 따뜻한 느낌의 라벤더 오일 향이 어우러져 있습니다. 강하면서 선이 굵은 쉬라즈 와인으로, 다채로운 맛이 층층이 쌓이며 입안 곳곳을 채워줍니다. 빌노 높은 탄닌과 과일 맛의 균형, 은은한 흑연 향이 감도는 길고 아름다운 여운은 바로사 밸리 쉬라즈의 전형적인 면모입니다.

종 류	레드	가 격	10만 원대
구매처	마트, 일반숍, 백화점, 체인형숍	활용처	선물, 기념일, 중요한 자리

투핸즈 섹시 비스트 카베르네 소비뇽
(Two Hands Sexy Beast Cabernet Sauvignon)

언뜻 감정 없는, 짐승 같은 느낌이 드는 와인일 수 있습니다. 그러나 미녀와 야수에서 나오는 애환이 담긴 야수의 슬픔이 깃든 것 같은 와인입니다. 호주의 주력 와인은 쉬라즈라 할 수 있지만 카베르네 소비뇽 역시 대단한 면모를 보여줍니다. 마트나 숍에서도 쉽게 구할 수 있으면서도 그 힘과 품질을 느낄 수 있는 훌륭한 와인입니다.

종 류	레드	가 격	5만 원대
구매처	마트, 일반숍, 백화점, 체인형숍	활용처	파티, 기념일

투핸즈 아레스 쉬라즈 (Two Hands Ares Shiraz)

블랙베리, 향신료, 바닐라, 흰 꽃 등 다양한 향을 갖고 있으며 입안에서 검붉은 과일의 집중된 맛을 느낄 수 있습니다. 은은하게 이어지는 라벤더, 파이프 담배, 바닐라 여운이 와인에 깊이감과 복합미를 더해줍니다. 잔에 따라두고 시간이 지나면 다크 초콜릿, 말린 후추의 알싸한 향도 느껴집니다.

종 류	레드	가 격	20만 원대
구매처	백화점, 체인형숍	활용처	선물, 중요한 자리

샹파뉴 살롱 S (Champagne Salon S)

프랑스 명품 샴페인의 대명사 '살롱'은 싱글 테루아, 싱글 크뤼, 싱글 버라이어탈, 싱글 빈티지 샴페인입니다. 르 메니 쉬 오제 (Le Mesnil-sur-Oger) 지역의 싱글 크뤼에서 재배한 샤르도네 100%로 만드는 블랑 드 블랑 스타일이자, 특별히 작황이 좋은 해에만 생산하는 한정품입니다.

종 류	스파클링	가 격	90만 원대
구매처	백화점, 체인형숍	활용처	선물, 중요한 자리

✈ 수입사 : 몬도 델 비노　🌐 https://mondodelvino.co.kr　☎ 1566-4494

리코사 바롤로 리제르바 (Ricossa Barolo Riserva DOCG)

최소 5년간 프렌치 오크에 숙성시킨 '리제르바' 등급의 와인. 부드럽게 퍼지는 타닌과 베리, 민트, 장미 향 등 섬세하고 복합적인 향과 맛이 이태리 최고급 와인의 품격이 느껴집니다. 구운 고기요리와 잘 어울리며, 숙성된 치즈와 곁들이면 최고의 풍미를 즐길 수 있습니다.

종 류	레드	가 격	10만 원 이상
구매처	와인소매점	활용처	선물, 중요한자리

리코사 니짜 (Noceto Nizza DOCG)

첫 노즈는 타임, 세이지향이 곁들어진 우아한 발사믹 향이 나고, 피니쉬는 바닐라, 감초, 코코아로 마무리된다. 첫 맛은 굉장히 강렬하고 밸런스가 잡혀있으며, 마지막엔 끈적한 여운을 주기도 한다. 파스타, 고기요리, 숙성 치즈와 곁들이면 더욱 좋다.

종 류 레드　　　　　　　　　　　　가 격 6만 원대
구매처 와인소매점　　　　　　　　활용처 선물, 중요한 자리

포데리 달 네스플리 보르고 데이 귀디 (Poderi dal Nespoli Borgo dei Guidi)

로마냐 지역에서 재배한 산지오베제와 카베르네 쇼비뇽을 블렌딩한 와인으로 짙은 베리 향과 블랙베리 잼, 그리고 스파이시한 감초 향과 맛을 나타내며 프랑스산 오크와 미국산 오크에서 1년에 거친 숙성이 각각 이뤄진 우아한 탄닌과 묵직하지만 부드러운 바디감, 절제된 산도 등 전형적인 수퍼투스칸 스타일을 보여줍니다. '슈퍼 로마냐 와인'이라는 닉네임으로 알려져 있습니다. 정통 스테이크와 최상의 마리아주를 나타내며, 향신료가 첨가된 치즈, 최상급 한우구이와 페어링하는 것도 추천합니다.

종 류 레드　　　　　　　　　　　　가 격 6만 원대
구매처 와인소매점　　　　　　　　활용처 선물, 중요한 자리

포데리 달 네스폴리 푸르니에또 (Poderi dal Nespoli Prugneto Romagna DOC Superiore)

로마냐 지역에서 재배한 산지오베제 100%로 양조한 싱글 빈야드 와인으로 로마냐 산지오베제의 전형적인 특성을 나타냅니다. 프렌치 오크에서 숙성되는 이 와인은 밝은 루비색을 띠고 붉은 과일의 화려한 아로마와 바이올렛, 체리, 자두 맛을 느낄 수 있으며 부드러운 탄닌과 길게 남는 스파이시한 여운이 환상적입니다. 소스가 깊게 베어있는 핸드메이드 파스타와 그릴된 고기요리, 숙성된 치즈요리 등 전통 이탈리아 음식과 조화가 좋습니다. 한우/갈비 구이 등 한국식 바베큐 요리와도 궁합이 좋으며 한국 테이블에 가장 잘 어울리는 와인입니다.

종 류 레드　　　　　　　　　　　　가 격 3만 원대
구매처 와인소매점　　　　　　　　활용처 선물, 파티

포데리 달 네스폴리 파가데빗 (Poderi dal Nespoli Pagadebit)

과일 꽃 향이 풍부하게 퍼져나오고, 복숭아 향과 맛을 느낄 수 있습니다. 쇼비뇽블랑 풀잎 향의 여운이 매력적입니다. '파가데빗'은 '빚을 갚다'의 의미로 포도원의 빚을 다 갚을 정도로 인기가 좋은 와인이라는 이야기가 담겨 있다. 로마냐의 대표적인 화이트 와인. 시원하고 상큼한 산미가 가져오는 청량감은 식전주로서 좋으며, 각종 해산물요리, 리조또 등과도 잘 어울린다. 회, 스시, 양념치킨 등과도 곁들이기를 추천합니다. 적정 서브온도는 12°C입니다.

종 류 화이트　　　　　　　　　　　가 격 3만 원대
구매처 와인소매점　　　　　　　　활용처 파티(식전주), 반주

꼴레지오니 디 파밀리아비오니에 (Barone Montalto Collezione di Familiga Viognier)

해발 600미터 언덕에서 뜨거운 태양을 피해 재배된 비오니에 100%로 양조된 와인 비오니에 품종의 특징인 풍부한 과일향을 담기 위하여 서늘한 온도에서 발효되었습니다. 망고, 멜론, 키위 등 열대과일 향이 풍부하며, 천연 산도는 열대과일의 복합적인 맛과 향을 한층 더 우아하게 만듭니다. 호텔 파크 하얏트 블라인드 테스트 1위의 영광을 누린 화이트 와인 적당한 산미와 열대과일 향은 생선회, 초밥 등의 해산물 요리와 환상의 마리아주를 나타냅니다.

종 류 화이트   가 격 3만 원대
구매처 와인소매점   활용처 파티(식전주), 반주

이티네라 프리미티보살렌토 (MGM Itinera Primitivo Salento)

이태리 남부 풀리아 지역의 대표적인 품종인 프리미티보 100%로 양조하여 12개월 간 오크 숙성하는 와인으로, 짙은 루비색을 띠며 잘 익은 붉은 과일의 풍미를 나타내고 바닐라 향과 함께 스파이시한 여운이 매혹적입니다. 적당한 탄닌감과 균형 잡힌 산도의 풀바디 와인. 훈제육류와 페어링 추천합니다.

종 류 레드   가 격 3만 원대
구매처 와인소매점   활용처 선물, 파티, 반주

모스케토 화이트(Mosketto White)

피에몬테의 모스카토로 양조된 프리잔테 와인. 입안 가득 퍼지는 천연 당도와 청량하고 깔끔한 끝맛이 부드러운 버블과 함께 기분전환을 돕습니다. 밀레니엄 세대로부터 선택받은 몬도델비노 그룹의 아이코닉 프리잔테 와인. 과일 샐러드, 패스트리 등 심플하고 가벼운 디저트와 최상의 궁합을 나타내며, 럼, 진, 보드카 등 하드리쿼와 블랜딩하여 칵테일로 즐겨도 좋습니다. * 적정 서브온도는 4~8℃입니다.

종 류 화이트   가 격 1만 원대
구매처 와인소매점, 편의점   활용처 파티, 캠핑, 칵테일

아케시 아스티 (Acquesi Asti)

피에몬테 아스티 지역에서 재배된 모스카토 100%로 만든 스파클링 와인으로 'Metodo Martinotti' 방식을 사용하여 1차 발효 후, 포도의 자연적 특성을 그대로 유지하며 낮은 온도에서 재발효했습니다. 패키지부터 우아한 맛까지, 1900년대 이탈리아 북부의 화려했던 시간의 감성을 그대로 담아 출시한 스파클링 와인으로 벌꿀, 복숭아, 시트러스의 풍미가 입안 가득 퍼지며 깔끔하고 청량한 끝맛이 고급스럽습니다. 매운 아시아 음식, 달콤한 디저트 등과 잘 어울리며, 곁들임 없이 스파클링 자체를 즐겨도 좋습니다. 적정 서브온도는 5-10℃입니다.

종 류 스파클링   가 격 3만 원대
구매처 와인소매점   활용처 파티, 선물

쿠바제 로제 메토도 클라시코 (Cuvage Rose Mettodo Classico)

해발 450m에 위치한 피에몬테 피에몬테 바롤로 지역에서 재배한 네비올로 100%로 양조한 스푸만테입니다. 13~14℃에서 모든 빛을 차단하고 일정한 습기를 유지하여 최소 24개월 이상을 병입숙성하는 방식 (Metodo Classico)으로 만들어져 네비올로 의 우아함을 섬세한 버블로 승화시킨 희소성 있는 프리미엄 스파클링 와인입니다.

종 류 스파클링	가 격 7만 원대
구매처 와인소매점	활용처 파티, 선물, 중요한 자리

✈ 수입사 : 아이수마　🌐 www.aisuma.co.kr　☎ 031-796-0316

테뉴타 델레 테레 네레에트나 비앙코
(Tenuta delle Tere Nere Etna Bianco)

시칠리아를 넘어 세계적인 이름의 와인생산자. 지중해의 버건디라 불리우는 에트나 화산 주변이 알려지기 시작하기 전 2002년 에트나 화산 폭발과 용암으로 인해 북쪽 사면의 얼마 남지 않은 여러 밭을 시작으로 우아하고 아름다운 와인들을 생산하고 있으며 여러 비평지와 평론가뿐 아니라 소비자들에게도 깨끗하고 우아한 와인의 전형이라 불리우는 와이너리입니다. 밝고 맑은 노란 빛, 명징하면서도 깊이 있는 산미 가 인상적입니다.

종 류 화이트	가 격 4만 원대
구매처 와인소매점	활용처 파티, 선물

테뉴타 델레 테레 네레에트나 로소 (Tenuta delle Tere Nere Etna Rosso)

시칠리아를 넘어 세계적인 이름의 와인생산자입니다. 네렐로 마스카레세라는 지역 토착 품종으로 아름답게 빚어내었습니다. 피노 누아르보다 훨씬 섬세하고 안정감 있 는 아로마, 밸런스는 이 와인의 가치를 빛나게 합니다.

종 류 레드	가 격 4만 원대
구매처 와인소매점	활용처 파티, 선물

칸티나 델 타부르노 팔랑기나
(Cantina del Taburno falanghina del Sannio Taburno DOP)

로마 제국의 말기 등장한 랑고바르드 왕국의 수도 베네벤토를 중심으로 펼쳐진 아름 다운 산 타부르노 아래 1900년대부터 조직된 와인양조 협동조합을 통하여 그 지역 의 전통과 환경을 잘 반영한 와인들을 지속적으로 생산하였습니다.

종 류 화이트	가 격 2만 원대
구매처 와인소매점	활용처 파티, 모임

칸티나 델 타부르노 알리아니코 산니오
(Cantina del Taburno Fidelis Sannio Aglianico Taburno DOP)

캄파니아의 명장이자 나폴리 대학교 양조학 교수인 루이지 모이오가 양조자로 부임하며 그야말로 획기적인 품질의 변화를 이루었습니다. 이는 그간 이 지역의 와인들이 대량생산자들의 스타일을 벗어나지 못한 한계를 뛰어 넘은 신선한 변화로 볼 수 있습니다. 각 와인의 전형성을 살린 동시에 우아하고 상큼하면서 화려한 향과 맛을 살렸다는 평가를 받고 있습니다.

종　류 레드	가　격 2만 원대
구매처 와인소매점	활용처 파티, 모임

퀘르치아 알 포지오 키안티 클라시코
(Quercia Al Poggio Chianti Classico DOCG)

이탈리아 중부 피렌체 남부로 아우러진 키안티 지역에서 생산되는 부티크 와인입니다. 메디치 가문의 영지중 하나였으며 수도원이 있었던 곳입니다. 드라이하면서도 풍부한 과실의 향이 좋으며, 특히 고기 요리와 궁합이 좋습니다.

종　류 레드	가　격 4만 원대
구매처 와인소매점	활용처 파티, 선물

✈ 수입사 : 문도비노　🌐 mundovino.co.kr　☏ 02-407-4642

빌라누 브뤼 레세르바 가우디 (Vilarnau Brut Reserva Gaudi)

창조적 디자인에 예술적 감성을 더한 개성 뚜렷한 까바. 1982년 고급 까바를 만들기 위해 스페인 대표 셰리 그룹 '곤잘레스 비아스'는 빌라누 와이너리를 인수하였고, 지속적인 투자와 실험으로 고급 까바 브랜드로서 그 이름을 국내외로 널리 알리게 됩니다. 아름답게 솟아오르는 버블을 지닌 빌라누 가우디는 특별한 날, 특별한 사람과 함께할 때 더욱 그 가치가 빛나는 와인입니다.

종　류 스파클링	가　격 4만 원대
구매처 일반숍	활용처 기념일

마운트 릴리 소비뇽 블랑 (Mount Riley Sauvignon Blanc)

수 년 간 가장 빠른 성장을 거듭한 마운트 릴리 와이너리는 말보로 Top 10 와이너리 중 한 곳입니다. 말보로 지역은 낮에는 강하고 깨끗한 햇빛으로 포도가 익어 가며, 밤에는 서늘한 해풍이 와인의 생동감을 결정 짓는 산도를 보전해 줍니다. 순수한 자연 환경에서 탄생한 투명하고 화사한 봄의 향취를 머금은 마운트 릴리 소비뇽 블랑은 낭만적인 캠핑 여행에 제격입니다.

종　류 화이트	가　격 4만 원대
구매처 일반숍	활용처 캠핑

프리외르 생 장 드 베비앙 블랑 (Prieuré Saint Jean de Bébian Blanc)

베비앙은 1152년 수도승들에 의해 포도나무가 경작되었던 800년이 넘는 역사를 지닌 랑그독 지역의 가장 오래된 와이너리 중 한 곳입니다. 완벽한 포도알만을 골라 수확하는 만큼 탁월한 미네랄 맛과 복잡, 미묘한 풍미를 보여주며 놀라울 정도로 긴 여운과 풍성한 질감을 선사합니다. 많은 이들에게 감탄과 찬사를 받기에 부족함이 없어 중요한 자리에서 이목을 집중시키기 좋은 와인입니다.

종 류 화이트	가 격 10만 원대
구매처 일반숍	활용처 중요한 자리

바라온다 오가닉 바리카 (Barahonda Organic Barrica)

바라온다 오가닉 바리카는 친환경농법으로 관리된 포도밭에서 자란 포도로 만들어지며 유럽 오가닉 인증 'AB'와 비건(VEGAN) 마크를 모두 달고 출시되었습니다. 건강한 포도로 만든 만큼 깔끔한 향과 신선한 산미감, 맑은 여운이 매력적입니다. 벌을 그려넣은 라벨도 친환경을 나타내고 있습니다. 다양한 사람과 함께 하는 모임자리에 채식주의자인 친구가 있다면, 준비해 보는 건 어떨까요.

종 류 레드	가 격 4만 원대
구매처 일반숍	활용처 파티

베로니아 템프라니요 이스페셜 (Beronia Tempranillo Especial)

베로니아 템프라니요 이스페셜은 '한국인의 입맛에 가장 잘 맞는 와인', '베스트 데일리 와인'이라는 부제로 개최한 와인컴피티션 2곳에서 모두 1등의 영광을 안은 와인입니다.
'제1회 소믈리에 베스트 초이스 1등', '코리아와인챌린지 BEST SPAIN & RED TROPHY (레드 와인 부문 전체 1위)'를 차지한 진정한 밸류와인의 가치를 경험할 수 있는 특별한 와인입니다.

종 류 레드	가 격 5만 원대
구매처 일반숍	활용처 파티

핸드픽트 바로사 쉬라즈 (Handpicked Barossa Shiraz)

핸드픽트는 와인 평론가 제임스 할리데이가 발간하는 'Wine Companion'에서 2015년부터 연속 '5 Star Winery'로 선정되었고, 호주의 대형 브랜드들을 제치고 2014년부터 시드니, 멜버른 국제공항 면세점 누적 판매 Top3를 기록하고 있는 젊고 역동적인 와이너리입니다. 쉬라즈의 라벨은 바로사 밸리 포도밭에서 직접 촬영한 토양을 담은 것으로 핸드픽트 쉬라즈만의 강인하면서도 우아한 캐릭터를 표현하였습니다.

종 류 레드	가 격 6만 원대
구매처 일반숍	활용처 선물

아마란타 몬테풀치아노 다브루쪼 (Amaranta Montepulciano d'Abruzzo)

이태리 와인전문가 루카 마로니 99점 만점을 3년 연속으로 받은 프리미엄 와인으로 입안을 가득 채우는 뛰어난 구조감과 복합적이고 우아한 풍미를 지녔습니다. 아브루쪼 지역의 대표품종인 몬테풀치아노는 풍부한 과실 향과 당도, 밸런스 등으로 전 세계적으로 큰 인기를 끌고 있습니다.

종 류 레드	가 격 8만 원대
구매처 일반숍	활용처 중요한 자리

리츄얼 피노 누아르 (Ritual Pinot Noir)

피노 누아르 품종의 대가이자 오퍼스 원(Opus One)의 양조자 폴 홉스(Paul Hobbs)가 함께 양조한 와인. 리츄얼은 자연의 흐름에 따라 포도밭을 관리하고, 달과 별의 주기에 기초해 포도를 재배하는 바이오다이나믹 농법을 사용합니다. 와인스펙테이터 '세계 100대 와인'으로 선정될 정도로 뛰어난 품질을 자랑하는 리츄얼은 생기 넘치는 산도와 발랄한 과실 향이 매력적입니다.

종 류 레드	가 격 5만 원대
구매처 일반숍	활용처 파티

틴토네그로 말벡 (Tinto Negro Mendoza Malbec)

디켄터 선정 '남미 Top 10 와인메이커' 알레한드로의 손끝에서 탄생한 특별한 멘도자 말벡. 와인메이커 알레한드로는 미세한 차이까지 철저하게 구분하는 마이크로 테루아 시스템을 통해 말벡 품종 특유의 강렬함과 복합미를 와인에 표현하고 있습니다. 다양한 육류요리와 환상의 궁합을 보이는 말벡 와인은 캠핑에 제격입니다.

종 류 레드	가 격 3만 원대
구매처 일반숍	활용처 캠핑

크리스티나 (미디움 드라이 올로로소) (Cristina (Medium Dry Oloroso))

곤잘레스 비아스는 현재 세계 최고 셰리 기업으로 1851년 스페인 왕실의 공식 공급업자로 선정되어 이름을 알렸고, 설립자의 장남이 국왕 알폰소 13세로부터 후작 작위를 받으며 스페인 와인업계의 귀족 가문으로 발돋움했습니다. 크리스티나는 알폰소 12세 왕비의 이름으로 스페인 왕실에 대한 존경의 의미로 이름 붙였습니다. 7년간 긴 숙성 과정을 거쳐 건포도, 아몬드 등의 복합적인 풍미가 진하게 느껴지는 미디움 셰리입니다.

종 류 주정강화	가 격 5만 원대
구매처 일반숍	활용처 중요한 자리

✈ 수입사 : 하이트진로　🌐 hitejinro.com　📞 080-210-0150

떼땅져 리저브 브뤼 (Taittinger Reserve Brut)

떼땅져는 섬세한 샴페인의 대표 이름이자, 세계적인 명성의 샴페인 하우스입니다. 신선한 꽃향기, 고소한 빵 브리오슈(brioche), 은은한 바닐라 향과 섬세한 버블이 매력적인 샴페인입니다.

종 류 화이트	가 격 10만 원대
구매처 일반숍, 백화점	활용처 파티, 선물, 기념일, 중요한 자리

샤또 바따이 그랑 크뤼클라쎄 뿌이약
(Chateau Batailley Grand Cru Classe Pauillac)

샤또 바따이는 1855년 지정된 그랑 크뤼 클라쎄 5등급의 샤또로 뿌이약 지역의 가장 오래된 건물 중 하나로 알려져 있으며, 이 곳의 이름은 1435년 샤또와 포도밭 자리에 서 있었던 백년 전쟁의 마지막 전투에서 기인합니다.

종 류 레드	가 격 20만 원대
구매처 마트, 일반숍, 백화점	활용처 선물, 중요한 자리

두르뜨 뉘메로 엥 소비뇽 블랑 (Dourthe No1 Sauvignon Blanc)

디켄터 매거진이 보르도의 가장 신뢰할 수 있는 생산자로 소개한 두르뜨가 엄선한 소비뇽 블랑만으로 생산합니다. 향기롭고 뛰어난 산도감, 기분 좋은 미네랄의 풍미를 지닌 와인입니다.

종 류 화이트	가 격 5만 원대
구매처 일반숍, 백화점	활용처 파티, 기념일, 캠핑

샤또 그리몽 트라디씨옹 (Chateau Grimont Tradition)

샤또 그리몽(Château Grimont)은 보르도의 남동부에 위치한 17세기에 지어진 아름다운 성으로, 보르도 콩쿠르에서 금메달을 수상한 역사적인 와이너리이자 최근 10년 간 80개 이상의 메달을 획득한 품질 높은 와이너리입니다.

종 류 레드	가 격 3만 원대
구매처 일반숍, 백화점	활용처 파티, 선물, 캠핑

제라르 베르트랑 샤또로스피딸레 그랑방 루즈
(Gerard Bertrand Chateau L'Hospitalet Grand Vin Rouge)

남프랑스 와인의 혁명을 일으킨 제라르 베르트랑의 대표 플래그십 와인으로 남프랑스 토착 품종의 최고 품질 포도만을 선별하여 12개월 이상 225L 새 오크배럴에서 숙성 후 최고의 배럴 와인만을 선정하여 병입한 와인입니다. 프랑스 대통령 엠마누엘 마크롱과 중국 주석 시진핑의 만찬 와인으로 사용된 와인입니다. (제 2회 상하이 국제 수입 박람회/2019.11)

종 류 레드	가 격 10만 원대
구매처 일반숍, 백화점	활용처 파티, 선물, 캠핑

바바 로제타 (Bava Rosetta)

피에몬테 와인의 마에스트로 바바 와이너리가 말바지아 품종으로 생산해 냅니다. 딸기, 장미꽃 향의 달콤한 세미 스파클링 와인으로 첫사랑을 연상하게 하는 로맨틱한 와인입니다.

종 류 로제	가 격 5만 원대
구매처 마트, 일반숍, 백화점	활용처 파티, 선물, 기념일, 캠핑

발비 소프라니 모스카토 다스티 (Balbi Soprani Moscato d'Asti)

중앙일보 컨슈머리포트에서 이탈리아 와인 부문 1위, 꾸준히 사랑받는 인기 와인으로 선정되었습니다. 신선한 레몬, 복숭아, 아카시아 꽃의 달콤하며 뛰어난 균형감의 세미 스파클링 와인입니다.

종 류 화이트	가 격 3만 원대
구매처 마트, 일반숍, 백화점	활용처 파티, 선물, 기념일, 캠핑

기솔피 바롤로 부시아 (Ghisolfi Barolo Bussia)

기솔피는 바롤로 안에서도 최고급 크뤼(CRU)급 와인을 생산하는 것으로 유명하며 여러 와인 평론가에게 극찬과 높은 점수를 받고 있습니다.

종 류 레드	가 격 10만 원대
구매처 일반숍, 백화점	활용처 선물, 중요한 자리

비솔 카르티제 발도비아데네 수페리오레 드라이
(Bisol Cartizze ValdobbiadeneSuperiore di Cartizze Dry)

1542년부터 이어진 유구한 역사를 지닌 비솔은 프로세코 생산의 모델로 인정받는 와이너리입니다. 그 중 카르티제 포도원은 프로세코의 그랑 크뤼로 인정받는 포도원이며 '죽기전에 꼭 마셔봐야 할 와인 1001'에 선정되었습니다.

종 류 스파클링	가 격 6만 원대
구매처 일반숍, 백화점	활용처 파티, 선물, 캠핑

치아치 피꼴로미니 부르넬로 디 몬탈치노
(Ciacci Piccolomini Brunello di Montalcino)

몬탈치노 지역의 남동쪽에 위치한 '치아치 피꼴로미니 다라고나' 는 17세기 몬탈치노와 산탄티모 수도원의 주교가 설립한 역사적인 고성의 와이너리로 2015 빈티지가 Wine Enthusiast 2020 TOP 100의 3번째 와인으로 이름을 올렸습니다.

종 류 레드	가 격 15만 원대
구매처 일반숍, 백화점	활용처 선물, 중요한 자리

마르께스 데 리스칼 레세르바 (Marques de Riscal Reserva)

스페인의 역사적인 와인생산지 리오하 와인을 개척한 와이너리 마르께스 데 리스칼의 대표 와인입니다. 잘 익은 과일과 감초, 시나몬, 나무 등 화려한 풍미와 긴 여운을 지닌 와인입니다.

종 류 레드	가 격 9만 원대
구매처 일반숍, 백화점	활용처 파티, 선물, 기념일, 중요한 자리

비냐 사스트레 크리안자 (Viña Sastre, Crianza)

2003년 와인 앤 스피리스로부터 100대 와이너리, 2010년 와인 엔수지아스트로부터 유럽 최고의 와이너리로 선정된 비냐 사스트레의 최고 품질의 크리안자 등급 와인입니다.

종 류 레드	가 격 6만 원대
구매처 일반숍, 백화점	활용처 선물, 중요한 자리

헨켈 트로켄 (Henkell Trocken)

독일의 가장 대표적인 글로벌 스파클링 와인 브랜드인 헨켈은 서양 배, 감귤류 향과 섬세한 거품이 매력적인 세미 스위트 스파클링 와인입니다.

종 류 화이트	가 격 4만 원대
구매처 마트, 일반숍, 백화점	활용처 파티, 선물, 기념일, 캠핑

필리터리 아티장 비달 아이스와인 (Pillitteri Artisan Vidal Icewine)

캐나다의 대표적인 아이스와인 생산자 필리터리가 생산한 와인으로, 영하 8도 이하에서 언 포도를 수확하여 압착한 후 얻은 과즙으로 만들어낸 고급스런 달콤함을 지닌 와인입니다.

종 류 화이트	가 격 9만 원대
구매처 마트, 일반숍, 백화점	활용처 파티, 선물, 기념일

타라파카 그란 레세르바 카베르네 소비뇽
(Tarapaca Grand Reserva Cabernet Sauvignon)

'칠레 국민 그란 레세르바'라는 명칭처럼 타라파카 와이너리의 명성을 만든 와인으로, 잘 숙성된 진한 과일 맛과 오크 풍미, 부드러운 질감의 풀 보디 와인입니다.

종 류 레드	가 격 6만 원대
구매처 일반숍, 백화점	활용처 파티, 선물, 캠핑, 중요한 자리

산타헬레나 카베르네 소비뇽 (Santa Helena Cabernet Sauvignon)

전 세계에서 1초에 1병씩 판매되는 가성비가 뛰어난 칠레 와인 브랜드로, 신선한 베리류 과일 향과 초콜릿 풍미, 부드러운 질감을 지닌 편안한 와인입니다.

종 류 레드	가 격 2만 원대
구매처 마트, 일반숍, 백화점	활용처 파티, 선물, 캠핑

끌로 드 로스 씨에떼 (Clos de Los Siete)

세계적인 명성의 와인메이커 미셸롤랑, 아르헨티나의 대지의 합작품으로, 말벡을 주 품종으로 다양한 블렌딩 기술을 통해 만들어낸 아르헨티나 대표 아이콘 와인입니다.

종 류 레드	가 격 10만 원대
구매처 일반숍, 백화점	활용처 파티, 선물, 기념일, 중요한 자리

쏜 클락 윌리엄 랜들쉬라즈 (Thorn Clarke William Randell Shiraz)

1870년대 바로사 밸리에 정착하여 6대에 걸쳐 140년 동안 이어져온 가족경영 와이너리입니다. 14개월 아메리칸 오크 숙성 후 최고 품질의 선별 원액만을 블렌딩하여 탄생한 쏜 클락의 시그니처 쉬라즈 와인입니다.

종 류 레드	가 격 10만 원대
구매처 일반숍, 백화점	활용처 파티, 선물, 캠핑

머드 하우스 소비뇽 블랑 (Mud House Marlborough Sauvignon Blanc)

1996년 설립된 와이너리로 2014년 세계적인 와인기업 아콜레이드에서 인수한뒤 영국 시장에서 약 400배에 넘는 성장률을 보인 뉴질랜드의 rising star 와이너리, 머드 하우스의 베스트 셀링 와인입니다.

종 류 화이트	가 격 5만 원대
구매처 마트, 편의점, 일반숍, 백화점	활용처 파티, 캠핑

실버 오크 나파 밸리까베르네 소비뇽
(Silver Oak Napa Valley Cabernet Sauvignon)

오로지 까베르네 소비뇽과 미국 오크만을 고집하며, '창조성과 품질'로서 미국 최상류층 고객과 전 세계 와인 마니아 및 콜렉터늘늘 감농시킨 미국의 내표 **컬트와인**으로, 최상의 밸런스와 복합미, 훌륭한 숙성력을 가진 와인입니다. 미국과 영국의 와인 경매 시장에서 가장 인기있는 와인으로 꼽힙니다.

| 종 류 | 레드 | 가 격 | 35만 원대 |
| 구매처 | 일반숍, 백화점 | 활용처 | 선물, 중요한 자리 |

✈ 수입사 : 마이와인즈 ☎ 031-985-0960

피오코 디 비테 '모스카토 다스티' (FIOCCO DI VITE 'MOSCATO D'ASTI)

황금빛 노란 색상을 띠며, 풍부한 아로마가 특징입니다. 전형적인 모스카토의 매력을 잘 표현하고 있으며, 자극적인 탄산이 일품인 달콤한 와인입니다.

| 종 류 | 스파클링 | 가 격 | 2만 원대 |
| 구매처 | 일반숍, 백화점, 체인형숍 | 활용처 | 파티, 선물 |

피오코 디 비테 '브라케토 다뀌'
(FIOCCO DI VITE 'BRACHETTO D'ACQUI)

레드 빛깔을 띠며, 붉은 과일류의 향기로운 아로마를 탄산과 함께 즐길 수 있는 매력적인 스위트한 와인입니다. 이탈리아 피에몬테 지역에서 생산된 브라케토 포도로 풍부한 과일 향, 꽃 향의 좋은 균형감과 함께 레드 탄산 와인의 특징을 잘 보여주고 있습니다.

| 종 류 | 스파클링 | 가 격 | 2만 원대 |
| 구매처 | 일반숍, 백화점, 체인형숍 | 활용처 | 파티, 선물 |

에센시아 루랄 '데솔라솔 아이렌' (Esencia Rural 'de Sol a Sol Airen')

혼탁한 앰버(호박) 컬러. 사과 향, 배 향, 살구 향, 허브 향이 폭발적입니다. 침이 고일 정도로 기분좋은 산도, 시럽같은 단맛. 타닌감이 미네랄티리와 함께 복잡하게 느껴지는 플레이버. 놀라울 정도로 긴 여운이 있습니다.

| 종 류 | 오렌지 | 가 격 | 4만 원대 |
| 구매처 | 일반숍, 백화점, 체인형숍 | 활용처 | 파티, 선물 |

에센시아 루랄 '빰빠네오 아이렌 나투랄'
(Esencia Rural 'Pampaneo Airen Natural)

짙고 깊은 오렌지 컬러. 풍부한 오렌지 향 및 시트러스 향, 살구 향, 사과 향, 셰리 향, 산화된 향, 다양한 꽃 향. 신선하면서 산화된 산도, 과실 허브 미네랄 플레이버가 돋보입니다. 부드러운 타닌감 밸런스가 좋아 꼭 마셔보아야하는 스페인의 슈퍼 내추럴 오렌지와인입니다. 자연스러운 산화와 숙성을 거치면서 긴 생명력과 농축미가 폭발적으로 느껴집니다.

| 종 류 | 오렌지 | 가 격 | 3만 원대 |
| 구매처 | 일반숍, 백화점, 체인형숍 | 활용처 | 파티, 선물 |

유니코젤로 '에소테리코' (Unico Zelo 'Esoterico')

귤, 귤피, 홍차, 꿀, 살구의 풍미와 요거트의 말캉말캉한 질감이 느껴집니다. 약간 스파이시 부드러우면서도 군침이 도는 산미와 전반적으로 클린한 과일차 같은 느낌의 오렌지 와인입니다.

　종　류　오렌지　　　　　　　　가　격　4만 원대
　구매처　일반숍, 백화점, 체인형숍　　활용처　파티, 선물

유니코젤로 '트루 블루' (Unico Zelo 'True Blue')

진한 포도쥬스 향, 포도씨 향, 부드러운 우유같은 질감, 약간의 스파이시한 느낌을 가지고있지만, 깨끗하고 깔끔한 피니쉬가 인상적입니다. 유니코젤로 레드 와인에서 느낄 수 있는 풍부하고 활기찬 과실 향이 담겨있습니다.

　종　류　레드　　　　　　　　　가　격　4만 원대
　구매처　일반숍, 백화점, 체인형숍　　활용처　파티, 선물

마인크랑 '부르겐란드바이스' (MEINKLANG 'Burgenland Weib')

사과 향, 하얀꽃 향, 시트러스 라임, 리치 만다린 향, 복숭아 향, 멜론 향이납니다. 드라이하면서 생생한 산도와 신선하면서 쥬시한 스타일. 시트러스 만다린 라임 플레이버가 오래도록 지속되는 좋은 여운을 가진 옅은 황금색의 내추럴 화이트 와인입니다.

　종　류　화이트　　　　　　　　가　격　2만 원대
　구매처　일반숍, 백화점, 체인형숍　　활용처　파티, 선물

마인크랑 '부른겐란드로트' (MEINKLANG 'Burgenland Rot')

옅은 보라색, 꽃 향 자두 향, 다크체리 향, 크랜베리 향, 타르트 향, 열대과일 향이납니다. 부드러운 맛과 마시기 편한 산도, 편안하게 느껴지는 타닌과 미네랄리티가 좋은 피니쉬를 가진 옅은 보라색의 내추럴 레드 와인입니다.

　종　류　레드　　　　　　　　　가　격　2만 원대
　구매처　일반숍, 백화점, 체인형숍　　활용처　파티, 선물

마인크랑 '바이싸 뮬아착' (MEINKLANG 'Weiber Mulatschak')

장미 향, 다양한 꽃 향, 리치 향, 딸기잼 향, 살구 향, 베르가뭇 향. 입안을 기분좋게 감싸는 생동감 있는 탄닌 및 피지함을 느낄 수 있습니다. 신선한 산도 미네랄리와 함께 느껴지는 긴 피니쉬 부드러운 질감과 다채로운 플레이버가 매력적인 내추럴 오렌지 와인입니다. 항상 추천해드리듯 앙금(시디먼트)을 흔들어서 섞어 드시면 그 특유의 맛과 향을 느끼실수 있을 것입니다.

　종　류　오렌지　　　　　　　　가　격　3만 원대
　구매처　일반숍, 백화점, 체인형숍　　활용처　파티, 선물

비케이와인즈 '까르뜨블랑슈' (BK WINES 'Carte Blanche')

신선한 초록 사과, 복숭아와 같은 망고, 파인애플, 레몬 제스트, 배, 허브 등의 향이 향긋합니다. 오픈하자마자는 오키하고 버터리한 샤도네이의 전형적인 특성이 조금 나타나지만 사과나 감귤류의 산뜻한 느낌으로 마무리 되며, 좋은 산도를 가진 미디엄 바디의 쉽게 마실 수 있는 옅은 레몬컬러의 와인입니다.

　종　류　화이트　　　　　　　　가　격　5만 원대
　구매처　일반숍, 백화점, 체인형숍　　활용처　파티, 선물

맥매니스 쁘띠쉬라 (McManis Petit Sirah)

선명한 보라빛늘 남고 있으며, 블랙베리와 보이즌베리의 풍부한 향을 느낄 수 있습니다. 단단하지만 캐러멜과 초콜릿향이 은은히 퍼지며, 진득한 질감과 잘 익은 과일향의 풍미는 우아함을 더해줍니다. 입안에서 약간의 당도와 부드러운 떫은맛이 어우러지며, 긴 마무리와 함께 풍미가 매력적인 와인입니다.

종 류 레드	가 격 5만 원대
구매처 일반숍, 체인형숍	활용처 파티, 선물, 기념일, 캠핑

맥매니스 비오니에 (McManis Viognier)

밝은 밀짚색을 띠고 있고, 전체적으로 배, 복숭아, 살구 향이 선사하는 풍부한 과실 향의 조화가 인상적입니다. 과하지 않은 꿀, 부싯돌 향이 미묘한 느낌을 주기도 합니다. 약간의 산도와 적당한 점성의 좋은 균형감을 보이고 있으며, 부드럽고 매끄러운 감촉이 입안 가득하며 적절한 마무리감을 선사하는 달콤한 향의 기분 좋은 와인입니다.

종 류 화이트	가 격 5만 원대
구매처 일반숍, 체인형숍	활용처 파티, 선물, 기념일, 캠핑

프랑크 패밀리 카베르네 소비뇽
(Frank Family Vineyards Napa Valley Cabernet Sauvignon)

*Korea Sommelier Wine Awards & Fair 2019 - GOLD 수상 (2015년 산)
*Robert Parker - 90점 / 나파 밸리(Napa Valley), 카베르네 소비뇽 특유의 전형적인 풀 보디 와인으로 블랙 체리와 코코아 향의 탄탄한 구조와 복합미는 화려하고 유혹적입니다.

종 류 레드	가 격 10만 원대
구매처 일반숍, 백화점, 체인형숍	활용처 파티, 선물, 기념일, 중요한 자리

프랑크 패밀리 샤도네이 (Frank Family Carneros Chardonnay)

*Korea Sommelier Wine Awards & Fair 2019 - GOLD 수상 * Wine Enthusiast - 91점 / 밝은 황금빛이 감돌며, 구아바, 배와 함께 스카치캔디의 인상적인 향이 매력적입니다. 눅진한 질감의 바닐라와 달콤한 캐러멜 시럽으로 덮인 사과, 레몬잼 향이 어우러져 입안을 풍성하게 해줍니다.

종 류 화이트	가 격 10만 원대
구매처 일반숍, 백화점, 체인형숍	활용처 파티, 선물, 기념일, 중요한 자리

듀몰 와일드 마운틴사이드 쉬라 (DuMOL Wild Mountainside Syrah)

*Robert Parker 93점 /Jeb Dunnuck 95점 / Wine Spectator 94점
2011년 미국 오바마 대통령과 후진타오 주석의 만찬주로 선정되면서 세계적으로 유명한 와이너리가 된 듀몰(DuMOL)은 소노마(Sonoma)지역의 명가로 자리잡았습니다. 탁월한 구조감과 집중력을 가진 와인입니다.

종 류 레드	가 격 15만 원대
구매처 일반숍, 체인형숍	활용처 파티, 선물, 기념일, 중요한 자리

스톤스트릿 카베르네 소비뇽
(Stonestreet Estate Vineyards Cabernet Sauvignon)

포도원의 특징이 잘 표현된 와인입니다. 블랙 커런트, 블랙 체리, 담배 잎 등의 향과
화산토에서 만들어지는 독특한 향까지 풍성함이 돋보이는 미디움 보디 와인으로 군
더더기 없는 순수함 그 자체의 카베르네 소비뇽을 느끼게 해주는 와인입니다.

종 류 레드　　　　　　　　　　　가 격 10만 원대
구매처 일반숍, 체인형숍　　　　　활용처 파티, 선물, 기념일, 중요한 자리

스톤스트릿 소비뇽 블랑 (Stonestreet Sauvignon Blanc)

* 2017년 문재인 대통령 방미 트럼프 만찬주 (2015년산)
스톤스트릿 소비뇽 블랑은 900피트 높은 포도밭의 개성이 완벽하게 반영된 와인입
니다. 흰 복숭아의 은은한 향, 멜론과 열대 과일 향의 조화가 이국적인 느낌을 더해줍
니다. 특유의 부드러운 질감과 어우러져 긴 마무리를 완성합니다.

종 류 화이트　　　　　　　　　　가 격 10만 원대
구매처 일반숍, 체인형숍　　　　　활용처 파티, 선물, 기념일, 중요한 자리

펠프스 크릭 오레곤 피노 누아르 (Phelps Creek Oregon Pinot Noir)

피노 누아르 고유의 섬세한 특성을 잘 살린 와인으로 잘 익은 붉은 베리류와 숲속에
숨어있는 듯한 신선한 허브향이 은은하게 느껴집니다. 18개월 프랑스산 참나무통 숙
성 과정으로 고급스러운 매운 느낌과 입안에서 느껴지는 산도와 철분 느낌이 주는
복합미가 인상적이며 전체적인 균형미가 잘 잡힌 와인입니다.

종 류 레드　　　　　　　　　　　가 격 6만 원대
구매처 일반숍, 체인형숍　　　　　활용처 파티, 선물, 캠핑

앤드류 윌 소렐라 (Andrew Will Sorella)

* Robert Parker - 94점
'Sorella'는 이태리어로 'Sister'라는 의미입니다. 1994년 작고한 누이를 기념하기 위
해 만든 와인으로 워싱턴 주에서 가장 최상급의 포도를 생산하는 샴푸(Champoux)
지역 포도밭의 특징을 오롯이 반영하였습니다. 풀 보디의 와인은 검붉은 과실 향 그
리고 흑연의 향을 보여주면서 꽃향기와 낮은 당도, 짠 느낌이 조화를 이룹니다.

종 류 레드　　　　　　　　　　　가 격 10만 원대
구매처 일반숍, 체인형숍　　　　　활용처 파티, 선물, 기념일, 중요한 자리

이브닝 랜드 피노 누아르 세븐 스프링스 빈야드
(Evening Land Pinot Noir Seven Springs Vineyard)

오레곤(Oregon)내 피노 누아르와 샤도네이 부분 Top Premium Winery로 명성을
쌓은 양조장으로 오레곤에 부르고뉴의 포마르 묘목을 들여오고, 세계 최고의 유기농
법으로 알려진 바이오다이나믹 방식을 도입해, 포도 본연의 특징과 그 해의 경작 환
경을 와인에 그대로 담아내려 노력하고 있습니다.

종 류 레드　　　　　　　　　　　가 격 10만 원대
구매처 일반숍, 백화점, 체인형숍　활용처 파티, 선물, 기념일, 중요한 자리

케이머스 나파 밸리 카베르네 소비뇽 (Caymus Napa Valley Cabernet Sauvignon)

짙은 색상, 풍부한 과실맛과 복합적인 풍미, 아주 부드러운 떫은맛으로 요약되는 '투박하고도 귀족적인' 브랜드의 대표적인 스타일로 세계인의 입맛을 사로잡은 케이머스 증후군의 주역입니다. 또한 이 와인의 상급 와인인 '케이머스 스페셜 셀렉션'은 와인 역사에서 유일하게 두 번의 Wine Spectator 1위라는 기록을 보유하고 있습니다.

종 류 레드 　　　　　　　 가 격 10만 원대

구매처 마트, 일반숍, 백화점, 체인형숍 활용처 파티, 선물, 기념일, 중요한 자리

코넌드럼 레드 (Conundrum Red)

'퍼즐'이라는 뜻의 코넌드럼은 재미있는 품종의 블렌드를 의미합니다. 여느 와이너리와는 다르게, 코넌드럼의 양조자인 찰리 와그너(케이머스 소유주 척 와그너의 장남)는 코넌드럼의 배합 비율을 비밀로 유지하고 있습니다.

종 류 레드 　　　　　　　 가 격 4만 원대

구매처 마트, 일반숍, 백화점, 체인형숍 활용처 파티, 선물, 캠핑

카모미 나파 밸리 멀롯 (Ca'Momi Napa Valley Merlot)

카모미는 이태리 북부 출신 와인메이커 3인이 2006년 나파 밸리(Napa Valley)에 설립한 와이너리입니다. 30년이 넘도록 이태리와 미국에서 와인 양조에 몸담아 온 이들은 구세계 전통의 양조기법과 신세계 최고급 산지로 손꼽히는 나파 밸리(Napa Valley) 포도의 조합으로 합리적인 가격대의 고품질 나파 밸리(Napa Valley) 멀롯을 선보입니다.

종 류 레드 　　　　　　　 가 격 3만 원대

구매처 마트, 일반숍, 백화점, 체인형숍 활용처 파티, 선물, 기념일, 중요한 자리

카스텔블랑 까바 브뤼 (Castellblanc Cava Brut)

스페인 페네데스 지방에서 까바를 전문으로 생산하는 와이너리 중 하나입니다. 1908년 Parera 가문이 작은 규모의 가족 기업으로 설립하여 1929년 바르셀로나 세계 박람회에서 품질에 대해 널리 인정 받았습니다. 전통을 이어오면서도 효모의 선별, 정밀 여과 공정 도입 등 기술적 혁신에도 노력한 결과 모던한 스타일의 최고의 가성비를 지닌 까바를 만들고 있습니다.

종 류 스파클링 　　　　　　 가 격 1만 원대

구매처 마트, 일반숍, 백화점, 체인형숍 활용처 파티, 캠핑

더 힐트 이스테이트 샤도네이 (The Hilt Estate Chardonnay)

미국 최고의 컬트 와인 스크리밍 이글의 형제 와이너리로 캘리포니아의 숨겨진 보석 같은 테루아인 산타 리타 힐즈(Santa Rita Hills) 지역에서 만드는 와인입니다. 사랑스런 시트러스 풍미와 미네랄리티의 조화가 탁월하며 특히 산미와 오크 숙성을 다루는 실력은 놀라운 수준입니다.

종 류 화이트 　　　　　　　 가 격 10만 원대

구매처 마트, 일반숍, 백화점, 체인형숍 활용처 파티, 선물, 기념일, 중요한자리

롱반 멀롯 (Long Barn Merlot)

캘리포니아 최고 가성비의 멀롯으로, 과실 풍미와 오크가 조화롭습니다.

종　류	레드	가　격	1만 원대
구매처	마트, 편의점, 일반숍, 백화점, 체인형숍	활용처	파티, 캠핑

죠셉 펠프스 인시그니아 (Joseph Phelps Insignia)

Robert Parker 100점 4회, Wine Spectator 올해의 100대 와인 1위에 빛나는 미국 명품 와인의 아이콘. '휘장, 훈장, 상징물'을 뜻하는 인시그니아는 1978년 미국 최초로 선보인 보르도풍의 블렌딩 와인으로, 현재는 미국을 대표하여 세계의 명 와인들과 어깨를 나란히 하고 있습니다.

종　류	레드	가　격	50만 원대
구매처	일반숍, 백화점, 체인형숍	활용처	선물, 기념일, 중요한 자리

돈나푸가타 술 불카노로쏘 (Donnafugata Etna Rosso DOC Sul Vulcano)

유럽 최대의 활화산인 시칠리아 섬의 에트나 지역 와인입니다. 입 안에서 붉은 과일과 제비꽃의 풍미가 부드러운 질감과 완벽한 하모니를 이룹니다. 특히 화산 토양에서 자란 포도 특유의 풍부한 미네랄리티가 돋보이며 매끄러운 탄닌과 함께 긴 여운을 느끼게 합니다. 에트나 화산의 에너지를 아름다운 여신의 모습으로 표현한 레이블은 이 와인이 지닌 다채로움과 화려함을 잘 표현하고 있습니다.

종　류	레드	가　격	6만 원대
구매처	마트, 일반숍, 백화점, 체인형숍	활용처	파티, 선물, 기념일, 중요한자리

샤토 몬텔레나 나파 밸리 샤도네이 (Chateau Montelena Napa Valley Chardonnay)

1976년 '파리의 심판 테이스팅'에서 유수의 부르고뉴 화이트 와인을 제치고 우승한 명실상부한 명품 와인입니다. 화이트 와인으로는 드물게 튼튼한 골격과 구조를 갖추고 있으며 바삭한 느낌과 함께 감귤류의 맛과 복숭아, 헤이즐넛 등의 다양한 맛을 포함하고 있습니다. 적정한 산미와 튼실한 과실의 풍미가 균형을 이루어 장기 숙성이 가능한 와인입니다.

종　류	화이트	가　격	10만 원대
구매처	일반숍, 백화점, 체인형숍	활용처	파티, 선물, 기념일, 중요한 자리

덕혼 멀롯 (Duckhorn Merlot)

덕혼(Duckhorn)은 미국을 넘어 전 세계적으로 북미 대륙을 대표하는 베스트 & 스테디 셀링 브랜드로 2009년 미국 오바마 대통령 취임 오찬에 덕혼 와인 2종이 선정되었습니다. Wine Spectator 2017 올해의 와인에 덕혼의 싱글 빈야드 멀롯(Three Palms Vineyard Merlot)이 선정되었습니다.

종　류	레드	가　격	9만 원대
구매처	일반숍, 백화점, 체인형숍	활용처	선물, 기념일, 중요한 자리

덕혼 디코이 로제 (Duckhorn Decoy Rose)

1989년 첫 빈티지를 출시한 이래 디코이(Decoy)는 뛰어난 품질과 합리적인 가격으로 많은 사랑을 받아 왔습니다. 지역적 특징을 잘 드러내는 풍부한 과일 향으로 어린 빈티지의 와인을 마셔도 즐거운 느낌이 나는 특징을 가진 와인입니다.
사랑스러운 색을 가진 로제 와인은 쉬라와 피노 누아르의 블렌딩으로 만들어지며 딸기 향과 수박의 향이 신선하게 느껴집니다.

종 류 로제   가 격 4만 원대
구매처 마트, 일반숍, 백화점, 체인형숍   활용처 파티, 선물, 기념일

그르기치 힐스 샤도네이 (Grgich Hills Chardonnay)

1976년 '파리의 심판 테이스팅'에서 부르고뉴 화이트를 제치고 1위를 차지한 샤토 몬텔레나(Chataeu Montelena)의 샤도네이를 만든 장본인이 바로 그르기치(Grgich) 입니다. 살아있는 전설 그르기치의 전설이 고스란히 담긴 나파 밸리(Napa Valley) 샤도네이는 신선한 산도와 다층적인 감귤류 풍미가 매혹적인 와인입니다.

종 류 화이트   가 격 9만 원대
구매처 일반숍, 백화점, 체인형숍   활용처 파티, 선물

카스텔로 디 쿼르체토 키안티 클라시코
(Castello di Querceto Chianti Classico)

투명도가 좋은 밝은 루비빛의 와인으로 여러 가지 과일 향과 신선한 체리, 후추 등의 매운 향들이 조화를 이룹니다. 산뜻한 뒷맛과 부담스럽지 않은 무게감으로 거의 모든 음식과 어울릴 만큼 음식 궁합의 폭이 넓습니다. 아몬드, 버섯, 먼지 향과 같은 키안티 와인 특유의 향 또한 느낄 수 있는, 가성비 훌륭한 와인입니다.

종 류 레드   가 격 4만 원대
구매처 마트, 일반숍, 백화점, 체인형숍   활용처 파티, 선물, 캠핑

샴페인 바론 드 로칠드 브뤼 (Champagne Barons de Rothschild Brut)

샴페인(Champagne) 지역 최고의 재배조건에서 생산된 샤도네이와 피노 누아르의 블렌딩으로 만들어지는 이 샴페인은 섬세한 버블과 함께 금빛을 띠며, 풍부한 흰 과일 향이 인상적입니다. 완벽한 균형과 복합미를 자랑하며 식전주로 가벼운 음식과 매칭하기에도 좋고, 조개관자, 리조또, 브뤼 치즈나 닭이나 돼지 등의 흰 육류와도 모두 조화롭습니다.

종 류 화이트 스파클링   가 격 20만 원대
구매처 일반숍, 백화점, 체인형숍   활용처 파티, 선물, 기념일, 중요한 자리

샴페인 앙리오 브뤼 수버랭 (Henriot Brut Souverain)

특별하게 엄선된 고품질의 샤도네이로 만든 와인입니다.
바닐라, 체리, 설탕에 졸인 자두의 풍미가 생동감 있고 신선하면서도 균형감 있게 느껴집니다. 풍부하고 깔끔한 질감과 함께 감귤류의 상큼한 향의 피니쉬가 길게 이어집니다. 동일 가격대에서 단연 돋보이는 섬세한 토스트향이 인상적입니다.

종 류 화이트 스파클링   가 격 10만 원대
구매처 일반숍, 백화점, 체인형숍   활용처 파티, 선물, 기념일, 중요한 자리

퀘르체토 끼안티 클라시코 그란 셀레지오네일 피키오
(Castello di Querceto Chianti Classico DOCG Gran Selezione Il Picchio)

강렬한 루비 빛의 레드 컬러와 함께 보랏빛을 띄는 이 와인은 체리와 잘 익은 산딸기의 아로마가 전면에 느껴집니다. 과일 향과 함께 삼나무와 약초, 향나무 등의 부케도 느끼실 수 있습니다. 풀 바디의 무게감이 느껴지는 와인이지만 입안에서는 매우 부드럽고 마시기 편한 와인입니다. 산과 탄닌의 발란스가 뛰어나며 스파이시함과 달콤한 담배 향이 입안에서 긴 여운을 남깁니다.

종 류 레드   가 격 6만 원대

구매처 마트, 일반숍, 백화점, 체인형숍 활용처 파티, 선물, 기념일, 캠핑

부샤 뻬레 에 피스 본 뒤 샤또 1등급 (Bouchard Pere et Fils Beaune du Chateau 1er Cru)

300년 역사를 자랑하는 부르고뉴 와인 명가인 부샤 뻬레 에 피스는 세계 피노 누아르의 수도라 불리는 부르고뉴의 본(Beaune)에 위치하며 유서 깊은 샤또 드 본(Beaune du Chateau)성에 둘러싸여 있습니다. 오직 부샤 뻬레 에 피스만이 만들 수 있는 와인으로 본 1등급의 정수를 보여줍니다.

종 류 레드   가 격 10만 원대

구매처 일반숍, 백화점, 체인형숍   활용처 파티, 선물, 기념일, 중요한 자리

마레농 그랑 마레농 루즈 (Marrenon Grand Marrenon Rouge)

마레농의 포도원은 유네스코(UNESCO) 지정 생물권 보전지역으로 천혜의 자연환경을 자랑합니다. 2017 Weinwirtschaft 100대 와인 (Best Wines of The Year Sold in Germany) 프랑스 레드 와인 부분 1위, 전 세계 레드 와인 부분 2위를 차지한 가성비 좋은 와인입니다.

종 류 레드   가 격 3만 원대

구매처 마트, 백화점, 체인형숍   활용처 파티, 캠핑

끌로 앙리 피노 누아르 (Clos Henri Pinot Noir)

세계 최고의 소비뇽 블랑 생산자인 루와르의 앙리 부르주아가 세계 최고의 포도재배지를 찾던 끝에 발견한 뉴질랜드의 포도밭에서 생산한 와인입니다. 뉴질랜드의 풍부한 유기물들을 배경으로 프랑스와는 다른 독특하지만 매력적인 와인을 생산하였고 DWWA - 은메달, IWSC - 은메달 등 매해 좋은 점수를 받고 있습니다.

종 류 레드   가 격 10만 원대

구매처 일반숍, 백화점, 체인형숍   활용처 파티, 중요한 자리

앙리 부르주아 상세르 레 바론
(Henri Bourgeois Sancerre "Les Baronnes")

* 2018 Wine Spectator TOP 100 46위
앙리 부르주아는 프랑스의 정원이라고 불리는 르와르 상세르(Loire Sancerre)에 위치하며, 지역을 대표하는 와이너리입니다.

종 류 화이트   가 격 6만 원대

구매처 일반숍, 백화점, 체인형숍   활용처 파티, 선물, 중요한 자리

까델 보스코 프란치아코르타 퀴베 프레스티지
(Ca'del Bosco Franciacorta Cuvee Prestige)

이탈리아 최고 스파클링, 까델 보스코는 와인의 산지 프란치아 코르타(Francia Corta)의 대표적 생산자입니다. 그 명성에 걸맞게 영국 Decanter지에서 죽기 전에 마셔야할 100대 와인에 선정된 유일한 비 샴페인입니다.
깊은 토스트 향과 어우러지는 배, 사과, 스톤프룻의 향이 특징적이며, 좋은 산도와 함께 우아한 스타일을 완성시킵니다.

종 류 레드	가 격 8만 원대
구매처 일반숍, 백화점	활용처 파티, 선물, 기념일, 중요한 자리

슈램스버그 블랑 드 블랑 (Schramsberg Blanc de Blancs)

슈램스버그는 1972년 역사적인 베이징 회담에서 중-미 양국 정상이 '평화를 위한 축배'로 사용하며 세계 와인계의 주목을 받았습니다. 축배의 술로 프랑스 샴페인에 견줄 수 있는 와인이 없었던 당시, 슈램스버그의 등장은 미국식 자신감의 표현이었습니다. 이후 미국 백악관에서 가장 많이 사용하는 만찬 와인 중 하나입니다.

종 류 화이트	가 격 8만 원대
구매처 일반숍, 백화점	활용처 파티, 선물, 기념일, 중요한 자리

폴 자불레 애네 크로제 에르미타쥬 도멘 드 탈라베
(Paul Jaboulet Aine Crozes Hermitage Domaine de Thalabert)

도멘 드 탈라베는 론(Rhone)의 명가 폴 자불레 애네(Paul Jaboulet Aine)가 1834년부터 소유하고 있으며, 북부 론 밸리 지역의 가장 크고 오래된 포도원입니다. 아주 오래 전 빙하지대였던 이 지역의 토지는 아주 작고 둥근 자갈들로 이루어져있어 낮에는 열기를 머금고 밤에는 서늘함을 유지해 와인 생산에 최적의 환경을 구성합니다.

종 류 레드	가 격 10만 원대
구매처 일반숍, 백화점	활용처 파티, 선물, 중요한 자리

구스타브 로렌츠 리슬링 그랑 크뤼 알텐베르그 드 베르그하임
(Gustave Lorentz Riesling Grand Cru Altenberg de Bergheim)

강렬한 금빛 컬러와 더불어 잘 익은 레몬, 달콤한 복숭아, 향긋한 과일의 향이 폭발적으로 피어납니다. 캐모마일과 레몬 제스트, 부싯돌 같은 복합적인 아로마가 매혹적인 피니시로 입 안을 즐겁게 합니다. 드라이한 스타일의 화이트 와인이지만 신선하고 완숙한 과일의 풍미와 크리미한 질감, 생생한 산미의 조화로움이 와인을 더더욱 매력적으로 느껴지게 합니다. 구스타브 로렌츠를 대표하는 와인으로, 약 20년 이상 보관이 가능합니다.

종 류 화이트	가 격 20만 원대
구매처 마트, 일반숍, 백화점, 체인형숍	활용처 선물, 기념일, 중요한 자리

니켈 & 니켈 CC 랜치 카베르네 소비뇽
(Nickel & Nickel C.C Ranch Cabernet Sauvignon)

나파 밸리(Napa Valley)와 소노마(Sonoma) 산지에서 개별 포도밭 단위로 범위를 좁혀 미세 기후, 토양의 특징 등 8가지 개성을 맛볼 수 있습니다. 현재 수입되고 있는 니켈앤니켈 와인은 2종이며, 배수가 용이하고 자갈이 많은 양토를 가진 최상의 포도밭에서 풍부한 일조량 등 다양한 이점을 통해 복합적인 풍미의 카베르네 소비뇽을 생산하고 있습니다.

| 종 류 레드 | 가 격 20만 원대 |
| 구매처 일반숍, 백화점 | 활용처 파티, 선물, 기념일, 중요한 자리 |

구스타브 로렌츠 리슬링 (Gustave Lorentz Riesling)

구스타브 로렌츠는 로렌츠 패밀리에 의해 1836년에 알자스(Alsace) 중심부 베르그하임(Bergheim)에 설립된 와이너리입니다. 5대 오너 찰스 로렌츠의 철학을 이어가며 65개국에서 만나볼 수 있는 이 와인은 싱가포르 항공의 일등석과 에어프랑스, 아메리칸 에어라인 등 세계 유수의 항공사의 기내와인으로도 제공되고 있습니다.

| 종 류 화이트 | 가 격 4만 원대 |
| 구매처 일반숍, 백화점 | 활용처 파티, 선물, 캠핑 |

몬테스 알파 카베르네 소비뇽 (Montes Alpha Cabernet Sauvignon)

누적 판매량 1000만 병을 돌파하며 국내 브랜드 부동의 1위를 유지하고 있는 몬테스 알파는 '와인을 잘 몰라도 몬테스 알파는 안다'는 말이 있을 정도로 높은 인지도를 자랑합니다. 칠레 와인 역사에 있어 최초의 프리미엄 와인으로 기록되는 중요한 와인입니다. 강렬한 루비 색이 인상적인 이 와인은 과일, 블랙 커런트, 시가, 바닐라와 민트 향 등이 복합적인 와인입니다.

| 종 류 레드 | 가 격 3만 원대 |
| 구매처 마트, 편의점, 일반숍, 백화점, 체인형숍 | 활용처 파티, 선물, 기념일, 캠핑, 중요한 자리 |

몬테스 알파 엠 (Montes Alpha M)

국민 와인 몬테스의 아이콘 와인으로 가장 유명한 알파 엠은 칠레의 특급 와인 중에서도 선두에 서 있는 와인입니다. 진한 루비 색에 붉은색 과일의 향과 후추와 같은 매운맛이 잘 조화를 이루고 있으며 숙성 보존할 수 있는 기간도 보장되는 와인입니다. 2019년 크리스티안 피녜라 칠레 대통령 방한 만찬와인으로 선정되기도 하였습니다.

| 종 류 레드 | 가 격 14만 원대 |
| 구매처 마트, 일반숍, 백화점, 체인형숍 | 활용처 파티, 선물, 기념일, 캠핑, 중요한 자리 |

몬테스 퍼플앤젤 (Montes Purple Angel)

몬테스 퍼플앤젤은 몬테스의 아이콘 와인 중 하나로 까르메네르 품종으로 만들어집니다. 블루베리와 자두, 약간 매운 면모를 가지고 있습니다. 농밀하고 부드러우며 촉촉한 떫은맛은 카르메네르의 전매특허 격 특성입니다. 세계적으로도 높은 평가를 받고 있는 이 와인은 2011년 오바마 대통령의 칠레 방문 시 만찬주로 쓰이기도 했습니다.

종 류	레드	가 격	14만 원대
구매처	마트, 일반숍, 백화점, 체인형숍	활용처	파티, 선물, 기념일, 캠핑, 중요한 자리

킴크로포드 말보로 소비뇽 블랑 (Kim Crawford Marlborough Sauvignon Blanc)

단일 품종으로 뉴질랜드를 대표하는 프리미엄급 와인을 생산하는 킴 크로포드는 뉴질랜드 소비뇽 블랑의 대표주자로 전 세계를 비롯, 국내에서도 높은 인기를 누리고 있는 브랜드입니다. 6년 연속 뉴질랜드 와인 판매 1위, Wine Spectator의 Top 100에도 수차례 선정된 바 있고, 미국 시장 뉴질랜드 카테고리에서 판매량 1위를 기록한 바 있습니다.

종 류	화이트	가 격	2만 원대
구매처	마트, 편의점, 일반숍, 백화점, 체인형숍	활용처	파티, 선물, 기념일, 캠핑

루피노 키안티 (Ruffino Chianti)

이태리 토스카나(Toscana)를 대표하는 브랜드 루피노(Ruffino)는 키안티(Chianti)를 전 세계에 알린 선구자로 알려져 있습니다. 이태리 왕실의 공식 지정 와이너리로 공급하기 시작하여 미국 시장에 수출된 첫 번째 키안티 와인으로 선풍적인 인기를 얻게 되었고, 이태리 최초의 끼안띠 DOCG등급으로 기록된 유서 깊은 와인입니다.

종 류	레드	가 격	1만 원대
구매처	마트, 일반숍, 백화점, 체인형숍	활용처	파티, 기념일, 캠핑

비에티 바롤로 카스틸리오네 (Vietti Barolo CASTIGLIONE)

카스틸리오네(Castiglione)의 포도들은 바롤로(Barolo) 지역의 작은 밭에서 선별되어 수확된 포도들만을 사용합니다. 붉은 루비색을 띠고 있으며, 땅에서 느껴지는 흙과 철분 향이 풍부합니다. 떫은맛이 매우 단단한 구조감을 가지고 있어서 오래 디켄팅을 하여 부드러운 상태로 드시면 입안에서 느껴지는 떫은맛의 질감은 매우 부드럽게 바뀔 것입니다.

종 류	레드	가 격	10만 원대
구매처	일반숍, 백화점, 체인형숍	활용처	선물, 중요한 자리

돈나푸가타 안띨리아 (Donnafugata Anthilia)

상표에 표현된 우수에 젖은 여인의 모습처럼, 안띨리아라는 이름은 지역의 향수를
지니고 있습니다. 돈나푸가타(Donnafugata)가 위치한 엔텔라(Entélla)지역의 로마
시절 이름이자, 한때 이 지역에서 생산되는 와인을 통칭하여 일컫는 말이기도 하였
습니다. 지역의 토착품종 안소니카와 카타라토를 절반씩 배합하여 만든 지역색이 느
껴지는 매력적인 와인입니다.

종 류 화이트   가 격 2만 원대

구매처 마트, 일반숍, 백화점, 체인형숍 활용처 파티, 기념일, 캠핑

카이켄 울트라 말벡 (Kaiken Ultra Malbec)

말벡은 우리에게 생소하지만, 꽉 차 있으나 무겁지 않고 반짝이는 듯한 과실미와 부
드러운 떫은맛을 자랑하여 아르헨티나 와인의 전부라고 할 만큼 절대적 지지를 받고
있습니다. 제비꽃 색상에 붉은 열매과일, 초콜릿, 담배 향 등을 보입니다. 풀 보디에
둥글고 유려한 식감을 줍니다. 과실미의 뒤를 이어서 바닐라와 토스트 느낌이 감돌
면서 긴 마무리감을 줍니다.

종 류 레드   가 격 2만 원대

구매처 마트, 일반숍, 백화점, 체인형숍 활용처 파티, 선물, 캠핑

얄룸바 시그너처 (Yalumba The Signature)

1962년 빈티지로 탄생한 얄룸바의 The Signature는 바로사(Barossa)의 아이콘 와
인의 하나이며, 바로사 와인 역사의 계보를 잇는 매우 중요한 와인입니다. 이 와인은
보통 그 해 가장 훌륭한 카베르네 소비뇽과 쉬라즈로 만들며, 얄룸바의 전통과 문화
를 향상시켜온 한 사람을 골라 그의 능력과 헌신을 기리고자 그의 서명과 스토리를
담습니다.

종 류 레드   가 격 10만 원대

구매처 일반숍, 백화점, 체인형숍   활용처 파티, 선물, 캠핑, 중요한 자리

헨쉬케 헨리스 세븐 (Henschke Henry's Seven)

호주 최고를 의미하는 이름인 헨쉬케는 호주에서 가장 오래된 와이너리이기도 합니
다. 150년이 넘는 전통의 헨쉬케는 호주에서 가장 오래된 포도밭에서 놀라운 와인을
만드는 한편, 새로운 포도밭의 발굴에도 정열적인 와이너리입니다. 헨리스 세븐은 쉬
라즈와 그르나슈 비오니에 블렌딩으로 붉은 열매의 풍미와 함께 다양한 허브, 참나
무의 향이 매우 조화로운 와인입니다.

종 류 레드   가 격 4만 원대

구매처 일반숍, 백화점   활용처 선물, 기념일, 중요한 자리

알바로 팔라시오스 페탈로스 (Alvaro Palacios Petalos)

수령 60~100년의 멘시아 품종으로 양조된 와인으로, 긴 수령을 거치며 나무 뿌리가
땅 속 깊이 미네랄이 풍부한 편암층까지 뻗어간 덕에 풍부한 철분 느낌과 좋은 산도
를 지닙니다. 블루베리와 꽃향이 풍부합니다. 완숙한 과실 느낌이 우아하게 표현되어
있습니다. 5~6년 정도 중기 숙성을 거치면 최고조에 달합니다.

종 류 레드   가 격 3만 원대

구매처 일반숍, 백화점, 체인형숍   활용처 파티, 선물, 캠핑

다우 10년 숙성 토니 포트 (DOW 10Y Old Tawny Port)

참나무통 숙성을 거치면서 진한 붉은색은 차츰 황갈색(Tawny)으로 변하여 Old Tawny 포트라는 이름이 어울리게 됩니다. 말린 과일, 무화과, 커피, 견과류의 인상적인 향과 뒤에서 나타나는 꽃의 향이 매력적입니다. 입에서는 크림과 같은 질감이 돋보이고 바닐라, 견과류의 풍미를 줍니다.

종 류 포트	가 격 5만 원대
구매처 마트, 일반숍, 백화점, 체인형숍	활용처 파티, 기념일, 캠핑

낀따 도 크라스토 리제르바 올드바인
(Quinta do Crasto Reserva Old Vine)

75년 이상 된 포도나무에서 자란 약 30종류의 다른 품종이 배합되어 만들어진 와인입니다. 모든 포도는 손 수확되며, 약 90%의 프랑스 참나무통과 약 10%의 미국 참나무통에서 18개월의 숙성 기간을 거친 후 출시됩니다. 양조시 와인의 대부분은 전통 방식인 라가르(Lagares)에서 발로 으깨는 작업을 거쳐 풍부한 풍미가 일품인 와인입니다.

종 류 레드	가 격 5만 원대
구매처 일반숍, 백화점, 체인형숍	활용처 파티, 선물, 캠핑, 중요한 자리

메이오미 피노 누아르 (Meiomi Pinot Noir)

2019년 현재 PGA투어 및 챔피언십 공식 지정 와인인 메이오미 피노 누아르는 Wine Spectator 25주년 특집호에서 미국 레스토랑 오너들이 선정한 최고의 By the Glass 와인으로 뽑힌 바 있습니다. 캘리포니아의 소노마, 산타 바바라, 몬터레이 세 개 지역의 포도를 배합하였으며, 과일의 특징과 다층적인 풍미가 균형이 잘 잡힌 와인입니다.

종 류 레드	가 격 5만 원대
구매처 일반숍, 백화점, 체인형숍	활용처 파티, 선물, 기념일, 중요한 자리

✈ 수입사 : 금양 인터네셔날　🌐 keumyang.com　☎ 02-2109-9200

1865 셀렉티드 빈야드 카베르네 소비뇽
(1865 Selected Vineyard Cabernet Sauvignon)

국내 와인 브랜드 파워 1위 1865의 베스트셀러 제품입니다. '18홀 65타에 치라'는 행운의 메시지로 명실상부 골프와인으로 자리매김했습니다. 검붉은 과실 향과 달콤한 바닐라, 부드러운 토스트의 기운과 잘 어우러져 복합적인 향을 형성합니다. 풀 보디의 파워풀한 와인으로 칠레 카베르네 소비뇽의 전형을 보여주는 와인입니다.

종 류 레드	가 격 4만 원대
구매처 마트, 편의점, 일반숍, 백화점	활용처 파티, 선물, 기념일, 캠핑, 중요한 자리

9 라이브스 카베르네 소비뇽 (9 Lives Reserve Cabernet Sauvignon)

행운을 상징하는 검은 고양이의 9개의 삶을 모티브로 삼아 탄생한 프리미엄 리저브급 와인입니다. 달콤한 딸기 및 체리와 같은 풍부한 붉은 과실 향이 특징이며 각 포도 품종의 잘 익은 과실 풍미와 함께 은은하게 느껴지는 쌉싸름한 홍차 및 후추 향이 어우러져 매혹적인 미감을 선사합니다.

종 류 레드	가 격 2만 원대
구매처 마트, 일반숍, 백화점	활용처 파티, 캠핑

간치아 모스까또 다스띠 (Gancia Moscato d'Asti)

간치아(Gancia)의 지하 셀러는 유네스코 세계문화유산에 지정될 정도로 깊은 역사와 문화를 자랑하고 있어, 명실상부한 이태리 스파클링 와인의 거장입니다. 연한 황금빛을 지니며 향긋한 플로랄 계열의 향과 달콤한 꿀 향, 매혹적인 사향이 조화로우며 입안 가득 풍성하고 달콤한 미감이 거품과 함께 어우러집니다.

종 류 화이트	가 격 2만 원대
구매처 마트, 일반숍, 백화점	활용처 파티

펜폴즈 쿠능가힐 쉬라즈-카베르네
(Penfolds Koonunga Hill Shiraz Cabernet)

쿠능가힐 레인지는 펜폴즈의 멀티 리전(Multi-region), 멀티 빈야드(Multi-vineyard) 블랜딩 철학을 반영한 와인으로 매 빈티지별로 편차 없는 높은 품질의 과실 느낌이 강한 스타일의 와인 특징을 여실히 보여줍니다. 라즈베리, 체리, 흰색 자두, 화이트 초콜렛, 신선한 오리엔탈 민트, 허브 등의 풍미가 촘촘하게 느껴집니다.

종 류 레드	가 격 6만 원대
구매처 마트, 일반숍, 백화점	활용처 캠핑

펜폴즈 빈 8 (Penfolds BIN 8)

BIN 8은 전통적인 펜폴즈 스타일을 보여주는 와인입니다. 부드럽고 균형미 있는 과실 향과 참나무통 숙성으로 부드러워진 질감의 조화가 인상적입니다. 석류빛이 감도는 색으로 이국적인 중국 향신료, 자두, 구운 고기, 건조한 로즈마리 등의 향이 드라마틱하게 펼쳐집니다.

종 류 레드	가 격 8만 원대
구매처 일반숍, 백화점	활용처 선물, 기념일, 중요한 자리

콘차이토로 마르께스 데 까사 콘차 까르미네르
(Concha y toro Marques de Casa Concha Carmenere)

콘차이토로 와이너리가 까사 콘차 브랜드를 런칭하면서 개별 포도밭의 개념을 도입하였고, 저가 대중적 와인산지로 여겨졌던 칠레 와인에 대한 인식을 바꿔놓은 제품입니다. 석류빛으로 후추와 같은 매운 향신료, 강력한 검은 과일류 참나무통 숙성을 통해 얻어진 초콜릿과 바닐라 향 등이 조화로운 와인입니다.

종 류 레드	가 격 5만 원대
구매처 마트, 일반숍, 백화점	활용처 선물, 기념일, 중요한 자리

콘차이토로 그란 레세르바 카베르네 소비뇽
(Concha y toro Gran Reserva Cabernet Sauvignon)

안데스 산맥을 따라 흐르는 강에 의해 형성된 천연 떼루아의 원형을 그대로 살린 재배지에서 수확된 특별한 친환경 와인입니다. B코퍼레이션 인증을 받은 지속가능 경영실천 기업으로 세류 관개를 통해 동일산업 평균보다 22% 이상 수자원을 절약하여 물발자국 인증을 받기도 하였습니다. 짙은 붉은색으로 자두, 체리, 까시스와 같은 검은 과일향과 초콜렛향이 잘 조화된 와인입니다.

| 종 류 | 레드 | 가 격 | 5만 원대 |
| 구매처 | 마트, 일반숍, 백화점 | 활용처 | 선물, 중요한 자리 |

트라피체 핀카 라스 피에드라스 리미티드 에디션
(Trapiche Finca Las Piedras Limited Edition)

프리미엄 아르헨티나 말벡 와인으로, 산딸기와 같은 신선한 붉은 과일향과 함께 토스팅한 오크의향까지 다양한 향을 느낄 수 있습니다. 입안에서 다시 한번 화이트 초콜렛, 갓 로스팅한 거피빈, 코코넛, 카라멜, 바닐라의 향 등 다채로운 향을 느낄 수 있으며, 잘 숙성되어 라운드한 탄닌의 질감이 마지막까지 인상적인 구조감을 남깁니다.

| 종 류 | 레드 | 가 격 | 8만 원대 |
| 구매처 | 마트, 일반숍, 백화점 | 활용처 | 선물, 기념일, 중요한 자리 |

트라피체 브로켈 말벡 (Trapiche Broquel Malbec)

브로켈은 왕조나 귀족 가문을 수호하는 방패나 칼, 수호천사라는 의미입니다. 아르헨티나의 대표 품종 말벡 열풍을 주도한 제품으로 약 15개월 동안 프랑스산과 미국산 참나무통에서 숙성을 진행하여 얻어진 연기 향, 커피 향 그리고 달콤한 과일 향이 후각을 자극합니다.

| 종 류 | 레드 | 가 격 | 4만 원대 |
| 구매처 | 마트, 일반숍, 백화점 | 활용처 | 파티, 캠핑 |

브라운 브라더스 모스까또 (Brown Brothers Moscato)

달콤한 아로마가 매력적인 세미 스파클링인 모스까또 와인으로 출시 후 매년 호주 모스카토 판매 1위 (시장 점유율 35% 이상), 호주 국민이 가장 사랑하는 와인 1위에 2년 연속 선정되며 호주는 물론 전 세계에서 브라운 브라더스를 대표하는 품목입니다.

| 종 류 | 화이트 | 가 격 | 3만 원대 |
| 구매처 | 마트, 일반숍, 백화점 | 활용처 | 파티 |

롤라이오 샹그리아 레드 (Lolailo Sangria Red)

지중해 과일들을 으깨어 만든 즙에 스페인 토착 품종인 템프라니요와 보발로 만든 와인을 혼합하여 스페인 전통적인 방식으로 만든 샹그리아입니다. 얼음과 과일을 함께 넣어 마시는 편안한 스타일의 스위트 와인으로 와인을 즐기지 않던 사람들도 쉽게 마실 수 있는 와인입니다.

| 종 류 | 레드 | 가 격 | 7천 원대 |
| 구매처 | 마트, 일반숍, 백화점 | 활용처 | 파티, 캠핑 |

프레시넷 꼬든 네그로 까바 브뤼 (Freixenet Cordon Negro cava brut)

스페인 프리미엄 까바의 또 다른 이름 꼬든 네그로는 '검은 병에 담긴 샴페인과 같은 고급 스파클링 와인'이라는 의미로 프레시넷의 대표 제품입니다. 상큼한 과일 맛이 톡톡 튀는 버블감과 함께 상쾌하게 느껴집니다. 무겁지 않지만 길고 엘레강스한 마무리가 인상적입니다.

종　류	스파클링	가　격	2만 원대
구매처	마트, 일반숍, 백화점	활용처	파티

샤또 생 미셸 컬럼비아 밸리 리슬링 (Chateau Ste. Michelle Columbia Valley Riesling)

컬럼비아 밸리 리슬링은 미국에서 가장 많이 판매되는 No.1 리슬링 와인으로 풍부한 과실 향의 중간 정도 당도의 와인입니다. 입안에서 넘치는 바삭한 사과 향과 철분 느낌의 생동감이 다양한 음식과 조화를 쉽게 이루어 애호가들에게 'Best Value' 와인으로 손꼽히고 있습니다.

종　류	화이트	가　격	3만 원대
구매처	마트, 일반숍, 백화점	활용처	선물

도멘 생 미셸 브뤼 (Domaine ste michelle Brut)

도멘 생 미셸 브뤼는 콜럼비아 밸리(Columbia Valley)에서 수확한 샤르도네, 피노누아르, 피노 그리를 사용하여 완성한 스파클링 와인으로 잘 익은 사과와 감귤 등의 풍부한 향이 특징이며 상쾌한 산도와 섬세한 풍미를 자랑합니다.

종　류	스파클링	가　격	3만 원대
구매처	마트, 일반숍, 백화점	활용처	파티, 캠핑

마투아 말보로 소비뇽 블랑 (Matua Marlborough Sauvignon Blanc)

마투아 말보로 소비뇽 블랑은 뉴질랜드 최초의 소비뇽 블랑으로 50년 이상의 역사를 가지고 있습니다. 서늘한 뉴질랜드의 기후와 스테인레스 스틸에서 발효과정을 거치며 기분 좋은 산도를 간직한 와인입니다.

종　류	화이트	가　격	4만 원대
구매처	마트, 일반숍, 백화점	활용처	파티, 선물

토마시 아마로네 델라 발폴리첼라 (Tommasi Amarone della Valpolicella Classico)

토마시 아마로네는 토마시의 플래그쉽 와인이자 가장 유명한 아마로네(Amarone) 와인 가운데 하나입니다. 수확 후 다음해 2월까지 건조시킨 포도를 사용합니다. 익은 체리와 자두와 같은 과일의 농밀함이 우아하게 펼쳐지며, 말린 과일 향의 캐릭터가 돋보이는 부드럽고 복합적인 미감의 풀 보디 와인입니다.

종　류	레드	가　격	16만 원대
구매처	마트, 일반숍, 백화점	활용처	선물, 중요한 자리

엠샤푸티에 라 시부아즈 리브롱 (M.Chapoutier La Ciboise Luberon)

과실미가 풍부하고 부드럽기까지 한 론(Rhone) 와인의 매력에 빠질 수 있는 제품입니다. 복합미가 두드러지고 정제되어 깔끔한 검은 과일 계열의 향이 지배적이며 입에서는 과실 향이 지배적이면서도 산미와 감칠맛이 균형적으로 어우러십니다.

종 류	레드	가 격	3만 원대
구매처	마트, 일반숍, 백화점	활용처	파티

미켈레 끼아를로 바르베라 다스띠 레 오르메
(Michele chiarlo, Barbera d'Asti, Le Orme)

레 오르메(Le Orme)는 이탈리아어로 '발자국, 발자취 (The footsteps)'라는 뜻입니다. 바르베라 다스띠 레 오르메 2006년 빈티지는 세계에서 가장 영향력 있는 BIG 4 매체(로버트 파커, 와인 스펙테이터, 감베로 로쏘, 디켄터)의 BEST BUY로 동시에 선정되었습니다. 어떤 음식과도 좋은 매칭을 보여주는 모던한 스타일의 바르베라입니다.

종 류	레드	가 격	2만 원대
구매처	마트, 일반숍, 백화점	활용처	파티, 선물

샤또 생 미셸 인디언 웰스 카베르네 소비뇽
(Chateau Ste. Michelle Indian Wells Cabernet Sauvignon)

인디언 웰스 카베르네 소비뇽은 왈루케 슬로프의 따뜻한 기후의 영향으로 얻은 풍부한 과실미를 선사하는 신대륙 스타일의 와인입니다. 왈루케 슬로프를 포함하여, 레드 마운틴, 콜드 크릭, 홀스 헤븐 힐 등 다양한 프리미엄 포도밭에서 수확한 포도를 사용하여 캘리포니아의 고가 와인과 견줄 만큼 좋은 품질을 선사합니다.

종 류	레드	가 격	5만 원대
구매처	마트, 일반숍, 백화점	활용처	파티, 선물

다렌버그 풋볼트 쉬라즈 (d'arenberg The Footbolt Shiraz)

다렌버그는 남호주 대표 부띠끄 와이너리로, 설립자인 조셉 오스본(Joseph Os-born)은 자신의 애마였던 풋볼트(Footbolt)를 팔아 다렌버그 와이너리를 설립하였는데, 그 애마의 이름을 따서 다렌버그의 가장 대표적인 쉬라즈 와인 이름을 지었습니다. 블랙 베리, 자두, 후추 향이 코를 자극하고 버섯, 숲, 약간의 참나무 향과 가죽향, 담배 향을 느낄 수 있습니다.

종 류	레드	가 격	6만 원대
구매처	마트, 일반숍, 백화점	활용처	파티

✈ 수입사 : 레뱅　🌐 lesvinskr.com　☎ 02-3497-6888

요리오 (Jorio)

그란디마르끼 협회 중 마르께 지역의 대표 와이너리 '우마니론끼'의 국민 대표 브랜드입니다.

종 류	레드	가 격	2만 원대
구매처	마트, 편의점, 일반숍, 백화점, 체인형숍	활용처	파티, 선물, 캠핑

끌로뒤발 카베르네 소비뇽 (Clos du Val Cabernet Sauvignon)

제2차 파리의 심판에서 당당히 우승을 차지한 끌로뒤발 와이너리의 대표 와인입니다.

종 류 레드   가 격 10만 원대

구매처 마트, 일반숍, 백화점, 체인형숍 활용처 파티, 선물, 기념일, 중요한 자리

델리카토 날리헤드 올드바인 진판델
(Delicato Gnarly Head Old Vine Zinfandel)

닐슨 써치 미국 판매 1위 진판델로, 올드바인 진판델의 정석입니다.

종 류 레드   가 격 2만 원대

구매처 마트, 일반숍, 백화점, 체인형숍 활용처 파티, 선물, 캠핑

도츠 브륏 클래식 (Deutz Champagne Brut Classic)

샴페인계의 First Class라고 불리는 상파뉴 도츠의 전통적인 대표 샴페인입니다.

종 류 스파클링   가 격 10만 원대

구매처 마트, 일반숍, 백화점, 체인형숍 활용처 파티, 선물, 기념일, 중요한 자리

라포스톨 뀌베 알렉상드르 카베르네 소비뇽
(Lapostolle Cuvee Alexandre Cabernet Sauvignon)

라포스톨 대표레인지인 설립자 Alexandre Marnier가 본인의 이름을 따서 만든 와인
입니다.

종 류 레드   가 격 4만 원대

구매처 마트, 일반숍, 백화점, 체인형숍 활용처 파티, 선물, 중요한 자리

발레벨보 모스까또 다스띠 (Vallebelbo Moscato d'Asti)

여성들이 사랑하는 모스까또의 핵심 브랜드 와인입니다.

종 류 스파클링   가 격 1만 원대

구매처 마트, 일반숍, 백화점, 체인형숍 활용처 파티, 선물, 기념일, 캠핑

크레스만 모노폴 (Kressemann Monopole)

1987년부터 생산된 보르도(Bordeaux)의 오리지널 블렌딩 예술을 담은 크레스만 대
표 브랜드입니다.

종 류 레드   가 격 2만 원대

구매처 마트, 일반숍, 백화점, 체인형숍 활용처 선물, 캠핑

로쉐마제 카베르네 소비뇽 (Roche Mazet Cabernet Sauvignon)

프랑스 No.1 브랜드 로쉐마제의 핵심 와인입니다.

종 류	레드	가 격	1만 원대
구매처	마트, 편의점, 일반숍, 백화점, 체인형숍	활용처	파티, 캠핑

고세 그랑 로제 브륏 (Gosset Grand Rose Brut)

프랑스의 현존한 문화유산, 상파뉴의 가장 오래된 와인하우스의 대표적인 로제 샴페인입니다.

종 류	스파클링	가 격	10만 원대
구매처	마트, 일반숍, 백화점, 체인형숍	활용처	선물, 기념일, 중요한 자리

라포스톨 르 쁘띠 끌로아팔타 (Lapostole Le Petit Clos)

와인스펙테이터 1위 칠레 프리미엄 와인 끌로아팔타의 세컨드 와인입니다.

종 류	레드	가 격	20만 원대
구매처	마트, 일반숍, 백화점, 체인형숍	활용처	선물, 중요한 자리

프란시스 포드 코폴라클라렛
(Francis Ford Coppola Diamon Collection Claret)

영화 대부의 감독 프란시스 포드 코폴라가 만든 보르도 스타일의 미국 와인입니다.

종 류	레드	가 격	8만 원대
구매처	마트, 일반숍, 백화점, 체인형숍	활용처	파티, 선물

조쉬 카베르네 소비뇽 (Josh Cabernet Sauvignon California)

아버지를 기리며 아버지의 애칭 Josh를 따서 만든 와인으로 미국내 판매 1위 와인입니다.

종 류	레드	가 격	7만 원대
구매처	마트, 일반숍, 백화점, 체인형숍	활용처	파티

얄리 와일드 스완 카베르네 소비뇽 (Yali Wild Swan Cabernet Sauvignon)

얄리 습지에 서식하는 야생 백조가 날아가는 자유로운 모습을 담은 와인입니다.

종 류	레드	가 격	2만 원대
구매처	마트, 편의점, 일반숍, 백화점, 체인형숍	활용처	파티

앙드레 구아쇼 부르고뉴 피노누아
(André Goichot Bourgogne Pinot Noir)

부르고뉴의 이머징 스타 와이너리의 대표 와인입니다.

| 종 류 | 레드 | 가 격 | 8만 원대 |
| 구매처 | 일반숍, 백화점, 체인형숍 | 활용처 | 파티, 선물 |

마시 깜포피오린 (Masi Veneto IGT Campofiorin)

꽃이 가득찬' 이라는 뜻을 가진 베이비 아마로네 와인입니다.

| 종 류 | 레드 | 가 격 | 8만 원대 |
| 구매처 | 마트, 일반숍, 백화점, 체인형숍 | 활용처 | 파티 |

✈ 수입사 : 국순당　🌐 ksdb.co.kr　☎ 02-2109-9200

데 마르티노 347 빈야즈 시라 (De Martino, 347 Vineyards Syrah)

안데스 산맥의 영향을 받은 온화한 대륙성 기후에서 만든 와인으로, 생생한 보라색을 띠며 매운 향, 잘 익은 검정과일과 꽃 향의 특징적인 향이 느껴지며 신선한 산도와 함께 부드러운 떫은맛이 기분 좋게 느껴지는 중간 정도 당도의 와인입니다.

| 종 류 | 레드 | 가 격 | 3만 원대 |
| 구매처 | 백화점 | 활용처 | 파티, 캠핑 |

✈ 수입사 : 롯데주류　🌐 lotteliquor.com　☎ 080-333-2323

샴페인 뽀므리 브뤼 로얄 (CHAMPAGNE POMMERY BRUT ROYAL)

뽀므리는 기존 샴페인에 대한 고정관념을 깨고 최초로 드라이한 스타일의 샴페인(브뤼)을 선보인 하우스입니다. 모나코 그레이스 켈리의 결혼식 축하주로 사용되며 전 세계의 주목을 한눈에 받게 되었고, 다양한 축복의 자리에 늘 함께하는 샴페인입니다.

| 종 류 | 스파클링 | 가 격 | 9만 원대 |
| 구매처 | 할인점, 백화점, 와인샵 | 활용처 | 파티, 축하선물 |

샴페인 필립포나 로얄 리저브 브뤼
(CHAMPAGNE PHILIPPONNAT BRUT)

피노누아 베이스의 프리미엄 샴페인으로, 샴페인계의 로마네 꽁티라 불리는 끌로 드 고아세의 단독 소유주 샴페인 하우스입니다. 여러 평론가와 소믈리에들에게 품질을 인정 받으며 2023년에는 디켄터 선정 Best NV 샴페인에 등극하였습니다.

| 종 류 | 스파클링 | 가 격 | 10만 원대 |
| 구매처 | 백화점, 와인샵 | 활용처 | 파티, 축하선물 |

피에르 지라르댕 부르고뉴 샤도네이 에끌라 드켈케어
(PIERRE GIRARDIN BOURGOGNE BLANC ECLAT DE CALCAIRE)

라이징 스타에서 지금은 명 생산자로 자리를 잡은 부르고뉴의 세대 교체를 알리기 시작한 생산자입니다. 부르고뉴의 거상 생산사인 아버지 뱅싱 지라르댕에 이어 높은 품질의 화이트를 생산하고 있습니다. 순수한 과실미와 절제된 오크 사용을 통해 우아한 맛이 특징입니다.

종 류	화이트	가 격	10만 원대
구매처	백화점, 와인샵	활용처	선물, 기념일

조셉 드루앙 본 끌로 데무슈 프리미에 크루 블랑
(JOSEPH DROUHIN BEAUNE CLOS DES MOUCHES 1ER CRU)

부르고뉴 3대 네고시앙 중 하나인 조셉드루앙의 간판 와인입니다. 레드, 화이트 모두 고품질의 와인이 생산되는 밭으로 그랑크루에 버금가는 퀄리티의 와인이 생산됩니다. 많은 평론가들이 바따르 몽하셰의 우아함과 꼬르통 샤를마뉴의 파워를 동시에 맛볼 수 있는 와인이라고 평가하고 있습니다.

종 류	화이트	가 격	20만 원대
구매처	백화점, 와인샵	활용처	선물, 기념일

아포틱 카버네 소비뇽 (APOTHIC CABERNET SAUVIGNON)

미국에서 가장 사랑받는 프리미엄 와인브랜드 아포틱. 프리미엄 와인 중 급성장하는 브랜드로 7회이상 선정될 정도로 해외 시장에서 큰 인기를 얻고 있는 와인입니다. 풀바디에 짙은 과실미를 자랑하는 와인으로 동일 가격대에는 넘볼 수 없는 퀄리티를 가지고 있습니다.

종 류	레드	가 격	1만 원대
구매처	할인점, 편의점	활용처	파티, 만찬

그랜트 버지 필셀 바로사올드바인 쉬라즈
(GRANT BURGE FILSELL BAROSSA OLDVINE SHIRAZ)

그랜트 버지 와이너리는 15년 연속 제임스 할리데이 5스타를 받은 바로사 최고의 와이너리 중 하나로 150년 이상의 역사를 가진 바로사 프리미엄의 산증인입니다. 필셀은 100년 이상된 올드바인이 자라는 바로사 밸리 남부에 위치한 포도밭 이름이며 그랜트 버지 와이너리가 추구하는 방향성과 바로사밸리 올드바인 쉬라즈의 매력을 여실히 느낄 수 있는 와인입니다.

종 류	레드	가 격	5만 원대
구매처	백화점, 와인샵	활용처	파티, 만찬

산타리타 메달야레알 카베르네 소비뇽
(Santa Rita Medalla Real Cabernet Sauvignon)

칠레 최고의 와인 산지인 센트럴 밸리(Central Valley), 마이포 밸리(Maipo Valley)에서 자리하고 있으며 1880년 설립되어 전세계 70개국으로 수출되고 자국에서도 많이 소비되는 칠레 3대 와이너리로, 입안에서는 부드럽고 잘 익은 떫은맛을 느낄 수 있으며 튼튼한 구조감이 입안에서 긴 여운이 느껴지는 와인입니다.

종 류	레드	가 격	2만 원대
구매처	백화점	활용처	파티, 캠핑

반피 부르넬로 디 몬탈치노 (BANFI BRUNELLO DI MONTALCINO)

반피를 있게 한 시작점이자 정체성. 미국의 수입사였던 반피가 가장 가난하고 낙후한 몬탈치노에서 이 부르넬로를 만들기 위해 대대적인 투자를 했고, 이를 통해 지역자체가 이탈리아 내에서 손꼽히는 부촌이 되었습니다. 그래서 반피를 '부르넬로의 건설자(Builders of Brunello)'라고 부릅니다. 과일 잼의 풍부한 풍미, 기분 좋은 산도와 탄닌의 부드러움의 조화로 인해 구조감이 탄탄합니다.

종 류 레드   가 격 9만 원대
구매처 할인점, 백화점, 와인샵   활용처 선물, 기념일

바이 파 상그리얼 피노누아 (BY FARR SANGREAL PINOT NOIR)

호주 빅토리아 주 질롱에서 생산되는 와인으로 호주를 대표하는 피노누아 와인입니다. 부르고뉴의 명 생산자 도멘 뒤작(Dujac)에서 와인 메이킹을 배웠으며 많은 부르고뉴 애호가들 사이에서 품질을 인정 받고 있습니다. 호주 현지에서도 큰 인기를 얻고 있는 생산사입니다.

종 류 레드   가 격 10만 원대
구매처 백화점, 와인샵   활용처 선물, 기념일

비앤지 토마스 바통 리저브 메독
(Barton & Guestier, Thomas Barton Medoc)

바통 앤 게스티에(Barton&Guestier)사의 와인 중개인 와인으로 토마스 바통(Tomas Barton)씨에게 경의를 표하기 위한 와인입니다. 풍부한 맛과 검은색 과일류, 고추, 감초와 초콜릿 향과 같은 감칠맛이 살짝 나타나며, 농후하면서도 좋은 구조감을 가지고 있는 이 와인은 최상의 카베르네 소비뇽이 주는 매끈한 떫은맛이 이상적인 와인입니다.

종 류 레드   가 격 3만 원대
구매처 백화점   활용처 선물, 기념일

임페리얼 그란 레제르바 (IMPERIAL GRAN RESERVA)

임페리얼은 엄선된 최고급 포도밭과 나무에서 손수확하여 리세르바 이상 등급만 출시하며 빈티지가 좋지 않은 경우는 과감히 출시를 생략합니다. 임페리얼 그란 리세르바는 세계적인 와인 잡지 Wine Spectator에서 선정하는 세계 100대 와인 1위를 거머쥐었습니다. 또한 스페인 현 국왕 페리페 6세가 본인의 결혼식 때 사용하였으며, 국왕의 방한 시 만찬주로도 사용되었습니다.

종 류 레드   가 격 10만 원대
구매처 백화점, 와인샵   활용처 선물, 기념일

베비치 블랙 소비뇽 블랑
(Babich Black Label Malborough Sauvignon Blanc)

뉴질랜드 TOP 소비뇽 블랑 와인으로, 창백한 밀짚 칼라를 띠며 파릇파릇한 풀 향과 멜론, 구스베리, 라임, 구운 파인애플 향이 풍부하며 달지 않고 상쾌하면서 씁쓸한 맛을 느낄 수 있으며 라임, 파인애플과 같은 과실 풍미를 느낄 수 있는 와인입니다.

종 류 화이트   가 격 3만 원대
구매처 백화점   활용처 파티

폰타나프레다 아스티 밀레시마토 (Fontanafredda Asti Milesimato)

피에몬테(Piemonte) 대표 생산자로, 신선한 포도의 풍미와 우아한 달콤함이 조화를 이룬 와인으로 잘 익은 배, 복숭아, 꿀, 레몬, 오렌지 향을 느낄 수 있으며, 체리의 마무리가 은은하게 남는 정통 스푸만테 와인입니다. 식전 혹은 우식 와인으로 즐기기에 좋습니다.

종 류 스파클링		가 격 3만 원대	
구매처 백화점		활용처 파티, 기념일	

K 빈트너스 파워라인 쉬라 (K VINTNERS POWERLINE SYRAH)

미국 워싱턴 지역의 전설이 된 찰스 스미스가 생산하는 K빈트너스 중 가장 대표적인 와인입니다. 미국 쉬라지만 프랑스 스타일의 와인으로 파워와 함께 섬세한 캐릭터를 가지고 있습니다. 파워라인 쉬라는 2017년 와인 스팩테이터 TOP 100중 2위를 차지하면서 명성을 더 알리게 되었습니다.

종 류 레드		가 격 10만 원대	
구매처 백화점, 와인샵		활용처 선물, 기념일	

오린 스위프트 파피용 (ORIN SWIFT PAPILLON)

오린 스위프트는 미국 나파밸리의 천재 와인 메이커 데이브 피니가 생산하는 컬트 와인을 대표하는 와인입니다. 파피용은 불어로 '나비'를 뜻하는데, 데이브 피니의 딸이 세 살 무렵일 때 아이를 목마 태우고 포도원을 걷고 있던 와중 어디선가 나비가 날아왔고 딸이 나비를 보며 "파피용"이라고 말했다고 합니다. 보르도 스타일의 블렌딩으로 카버네 쇼비뇽을 중심으로 카버네 프랑, 멜롯이 그 뒤를 받쳐주며, 말벡의 힘으로 끝을 맺습니다.

종 류 레드		가 격 20만 원대	
구매처 백화점, 와인샵		활용처 선물, 기념일	

✈ 수입사 : 빈티지코리아 🌐 vintagekorea.co.kr ☎ 02-574-1999

샤또 드 블리니, 밀레짐 (Chateau de Bligny, Millesime 2006 Brut RM)

샤또 드 블리니는 샴페인 지역에서 유일하게 성을 소유하면서 포도재배와 샴페인 양조까지 독립적으로 하는 특별하고 귀중한 유산입니다. 2006 밀레짐은 장인 정신과 세심한 관리로 100% 샤르도네 품종의 포도만을 키우고 오직 손수확만 하여 샴페인을 양조하기 때문에 독창적인 향과 품격있는 과일의 풍미를 동시에 느낄 수 있습니다.

종 류 샴페인		가 격 18만 원대	
구매처 일반숍, 백화점, 체인형숍		활용처 파티, 선물, 기념일, 중요한 자리	

팔메도르 브뤼 (Palmes d'Or Brut)

현재 세계 3대 샴페인이자 '프랑스 최고의 국민 샴페인'으로 불려집니다. 엄선한 포도만으로 양조하여 아름다운 색과 환상적인 맛, 섬세하고 풍부한 기포를 뽐냅니다. 재클린 캐네디가 너무 좋아하여 퍼스트레이디 샴페인이란 애칭이 생겼습니다. 독창적이며 세련된 풍미로 인해 전 세계 76개국에서 한해 천만 병 이상 판매되는 최상급 샴페인으로 자리매김 했습니다.

종 류 샴페인	가 격 40만 원대
구매처 일반숍, 백화점, 체인형숍	활용처 파티, 선물, 기념일, 중요한 자리

샤또 물랑 라 그라비에르 (Ch. Moulin La Graviere)

프랑스 보르도(Bordeaux)의 명품 와인을 생산하기로 유명한 포므롤(Pomerol)은 멜롯을 주품종으로 사용하는 고급 레드 와인 산지입니다. 포도밭의 장점은 경사 지역에 심어진 포도와 평지에 심어진 포도의 서로 다른 특징을 느낄 수 있는 와인입니다. 세계적인 컨설턴트를 고용하는 등 품질 향상에 많은 노력을 하여 더욱더 기대되는 와인으로 평가를 하고 있습니다.

종 류 레드	가 격 7만 원대
구매처 일반숍, 백화점, 체인형숍	활용처 파티, 선물, 기념일, 중요한 자리

올리비에 르플레브, 부르고뉴 샤르도네
(Olivier Leflaive, Bourgogne Chardonnay)

1984년 10월에 Olivier Leflaive는 그의 형 Patrick과 그의 삼촌 Vincent의 도움으로 새로운 부르고뉴 와인을 만들기로 결심했습니다. 오로지 Domaine Leflaive로부터 배운 모든 지식을 다양한 다른 레드와 화이트 부르고뉴 와인 양조에 적용시키는 것만을 목표로 했습니다. 그들의 양조 원칙은 수확 시기에 재배자나 도멘과 같은 관심과 보살핌으로 포도를 구매하는 것이며 이는 최고의 부르고뉴 와인 생산자 중의 하나로서의 자부심이라 할 수 있습니다.

종 류 화이트	가 격 6만 원대
구매처 일반숍, 백화점, 체인형숍	활용처 파티, 선물, 기념일, 중요한 자리

올리비에 르플레브, 쌩또방 프리미에 크뤼 '헤미'
(Olivier Leflaive, Saint-Aubin 1er Cru 'En Remilly')

올리비에는 부르고뉴 화이트 와인의 최고봉 중 하나로 꼽히는 도멘 르플레브에서 삼촌인 Vincent와 사촌 Anne을 돕다가 1984년 드디어 자신의 이름을 딴 메종을 설립하게 됩니다. 그의 철학은 단순하게 '훌륭한 와인을 생산하는 것'입니다. 비결이랄 것도 없이 모든 것은 포도밭의 훌륭한 포도들로부터 출발합니다. 올리비에 팀은 꼬뜨의 우수한 재배자들과 끈끈한 파트너쉽을 가지고 있습니다.

종 류 화이트	가 격 17만 원대
구매처 일반숍, 백화점, 체인형숍	활용처 파티, 선물, 기념일, 중요한 자리

빌라 아 세스타, 일빨레이, 키안티 클라시코
(Villa A Sesta, Il Palei, Chianti Classico DOCG)

'빌라 아 세스타 (VILLA A SESTA)'는 토스카나에서도 가장 유명한 와인 산지인 '키안 티 클라시코 갈로 네로'에 있습니다. 이곳은 품질 좋은 포도를 생산하기 위한 최적의 환경 조건을 갖추고 있으며 전통과 혁신의 기술을 조화롭게 적용하여 와인을 만들고 있습니다. 주 품종은 Sangiovese(산지오베제)이고 구조감과 탄닌이 조화로운 와인 입니다.

종 류	레드	가 격	4만 원대
구매처	일반숍, 백화점, 체인형숍	활용처	파티, 선물, 기념일, 캠핑, 중요한 자리

빌라 아 세스타, 키안티 클리시코 리제르바
(Villa A Sesta, Chianti Classico Riserva DOCG)

'빌라 아 세스타 (VILLA A SESTA)'는 토스카나에서도 가장 유명한 와인 산지인 '키안 티 클라시코 갈로 네로'에 있습니다. 이곳은 품질 좋은 포도를 생산하기 위한 최적의 환경 조건을 갖추고 있으며 전통과 혁신의 기술을 조화롭게 적용하여 와인을 만들고 있습니다. 키안티 클리시코 리제르바는 산지오베제 92%와 카베르네 소비뇽 8%를 블렌딩해 강하고 우아한 느낌을 함께 느낄 수 있습니다.

종 류	레드	가 격	6만 원대
구매처	일반숍, 백화점, 체인형숍	활용처	파티, 선물, 기념일, 중요한 자리

탈라몬티, 트레비 (Talamonti, Trebi, Trebbiano d'Abruzzo Bianco)

탈라몬티는 2001년 아브루쪼(Abruzzo)에 위치한 청정지역에서 창립되었습니다. 감 베 로 로쏘는 탈라몬티를 '아브루쪼 최고의 와이너리'로 칭송했습니다. 트레비아노 100%로 만들어진 트레비는 산미가 부드럽고 뛰어나 가벼운 식전주로도 좋으며 조 개류나 해산물과 환상적인 조합을 이루는 화이트 와인입니다.

종 류	화이트	가 격	2만 원대
구매처	일반숍, 백화점, 체인형숍	활용처	파티, 선물, 기념일, 캠핑, 중요한 자리

탈라몬티, 모다 (Talamonti, Moda, Montepulciano d'Abruzzo)

탈라몬티는 철저한 유기농법 재배를 추구하며 혁신적인 와이너리답게 하이 테크 양 조 과정을 자랑합니다. 모다(Moda)의 이름은 Mo(ntepulciano) d'A(bruzzo)의 앞 글자를 딴것이며 이태리어로 '패션'을 뜻하기도 합니다. 탈라몬티를 대표하는 레드 와인이며, 오크 향의 구조감과 과실 향의 우아함이 뛰어난 와인입니다.

종 류	레드	가 격	2만 원대
구매처	일반숍, 백화점, 체인형숍	활용처	파티, 선물, 기념일, 캠핑, 중요한 자리

타마랄, 리제르바 (Tamaral, Reserva)

4대째 와인을 양조하던 데 산티아고(De Santiago) 패밀리는 리베라 델 두에로의 페나피엘(Penafiel)에서 1997년에 타마랄 와이너리를 설립했습니다. 이후 자신들만의 전통적인 양조방식과 현대적인 기술을 결합해 성장해왔고, 특히 2017년의 타마랄 로블은 와인스펙테이터(Wine Spectator) Top100에 들면서 세계의 관심을 모았습니다. 매해 로버트 파커와 와인스펙테이터에서 90점 이상의 높은 점수를 유지하고 있으며, 타마랄 리제르바는 '타마랄의 자존심'이라고 불리는 와인입니다.

종 류	레드	가 격	9만 원대
구매처	일반숍, 백화점, 체인형숍	활용처	파티, 선물, 기념일, 중요한 자리

샤또 데레즐라, 5 푸토뇨스 (Ch. Dereszla, 5 Puttonyos)

샤또 데레즐라 와이너리는 토카이에서 가장 오랜 역사를 지닌 셀러를 소유하고 있습니다. 무려 600년의 역사를 지닌 셀러는 지하 5층에 길이가 1km까지 이어져 있습니다. 아쑤 5 푸토뇨스는 푸르민트(Furmint), 하르쉴레뷰(Harslevelu), 뮈스까(Muscat), 제타(Zeta) 네 가지 포도 품종으로 블렌딩한 프리미엄 귀부 와인입니다.

종 류	화이트	가 격	10만 원대
구매처	일반숍, 백화점, 체인형숍	활용처	파티, 선물, 기념일, 중요한 자리

헤드라인, 랑혼 크릭 쉬라즈 (Headline, Langhorne Creek Shiraz)

'스밋지'는 호주 투핸즈(Two hands wines)의 수석 와인메이커, 매트 웬크(Matt Wenk)가 직접 만든 와이너리입니다. 이 와인은 부티크 와인 어워즈(Boutique wine awards)에서 베스트 쉬라즈 평과 와인바이어 추천 와인으로 선정되었으며 부드러운 탄닌과 과실 향 조화가 환상적인 레드 와인입니다.

종 류	레드	가 격	4만 원대
구매처	일반숍, 백화점, 체인형숍	활용처	파티, 선물, 기념일, 캠핑, 중요한 자리

스밋지, 후디니 멕라렌 베일 쉬라즈 (Smidge, Houdini McLaren Vale Shiraz)

2002년에 첫 빈티지를 출시한 스밋지 와인은 호주에서 가장 중요한 와인 생산지역인 '멕라렌 베일'에서 최고 품질의 포도를 사용하며 생산됩니다. 후디니(Houdini)는 19세기에 활동했던 전설적인 탈출 마술사의 이름이며, 동에 번쩍 서에 번쩍 숨었다 나타나는 자신의 사랑스러운 딸의 별명이기도 합니다. 그래서 마법과 같은 맛을 지닌 와인이라는 뜻도 내포하고 있습니다.

종 류	레드	가 격	6만 원대
구매처	일반숍, 백화점, 체인형숍	활용처	파티, 선물, 기념일, 중요한 자리

도그 포인트, 소비뇽 블랑 (Dog Point, Sauvignon Blanc)

도그 포인트는 클라우디 베이 소비뇽 블랑을 전세계적으로 성공시켰던 제임스 힐리 (James Healy)와 이반 서더랜드(Ivan Sutherland)가 합작하여 만든 와이너리입니다. 2002년도 첫 출시 와인부터 와인 스펙테이터(Wine Spectator)지에 피노 누아르와 샤도네이 모두 90점대로 등재되었습니다. 특히 도그포인트 소비뇽 블랑은 프랑스 루아르의 소비뇽 블랑보다 섬세하다는 평을 받으며 클라우디 베이 이후 세계적인 뉴질랜드 소비뇽 블랑의 명성을 획득했습니다.

종 류 화이트	가 격 6만 원대
구매처 일반숍, 백화점, 체인형숍	활용처 파티, 선물, 기념일, 중요한 자리

도그 포인트, 섹션 94 (Dog Point, Section 94, Sauvignon Blanc)

도그 포인트란 지명은 과거 말보로 지역의 양떼 목장에서 양을 치던 개들이 목장이 없어진 이후 그곳에 남아 야생의 상태로 생활했고, 바로 그곳에 와이너리를 설립하면서 지어진 이름입니다. 섹션 94라는 싱글빈야드에서만 나온 소비뇽 블랑 100%로 양조한 와인이며, 적절한 산도와 오크향의 조화는 프랑스 루아르의 소비뇽 블랑보다 더욱 뛰어난 구조감과 섬세함을 지니고 있다고 평가되고 있습니다.

종 류 화이트	가 격 9만 원대
구매처 일반숍, 백화점, 체인형숍	활용처 파티, 선물, 기념일, 중요한 자리

카탈리나 사운즈, 피노 누아르 (Catalina Sounds, Pinot Noir)

카탈리나 사운즈 와이너리는 세계 제2차대전 당시 남태평양의 하늘을 지켰던 '카탈리나 비행정'을 모티브로 태어났습니다. 와인 메이커인 피터 잭슨의 철학은 청정지역 말보로의 테루아를 그대로 와인에 옮겨 담으면서도 복합성과 지속성을 계속해서 발전시켜 나가는 것입니다. 이런 철학이 구현된 카탈리나 사운즈의 와인은 과실 향이 풍부하면서도 구대륙의 화이트 와인처럼 복합미가 느껴지는 것이 특징입니다.

종 류 레드	가 격 5만 원대
구매처 일반숍, 백화점, 체인형숍	활용처 파티, 선물, 기념일, 캠핑, 중요한 자리

카탈리나 사운즈 싱글 빈야드, 피노 누아르 (Catalina Sounds Single Vinyard, Pinot Noir)

카탈리나 사운즈의 와인은 과실 향이 풍부하면서도 구대륙의 화이트 와인처럼 복합미가 느껴지는 것이 특징입니다. 카탈리나 사운즈 '사운드 오브 화이트' 싱글빈야드 피노 누아르는 사운드 오브 화이트 싱글빈야드에서 나온 피노 누아르 100%로 양조한 레드 와인입니다.

종 류 레드	가 격 9만 원대
구매처 일반숍, 백화점, 체인형숍	활용처 파티, 선물, 기념일, 중요한 자리

산타에마 그랑 리제르바, 멜롯 (Santa Ema Gran Reserva, Merlot)

산타에마는 1917년 이래로 칠레를 대표하는 최고의 테루아 마이포 밸리(Maipo Valley)에서 선구자 역할을 해 오고 있습니다. 마이포 밸리에서 최고의 와인들을 생산하며 많은 수상 실적을 기록했으며, 전 세계 와인 애호가들로부터 많은 사랑을 받고 있습니다. 그랑 리제르바 멜롯은 비비노 웹사이트에서 2019 와인 스타일 어워즈 칠레 메를로 부분 1위의 영예를 안은 와인입니다.

종 류	레드		가 격	4만 원대
구매처	일반숍, 백화점, 체인형숍	활용처	파티, 선물, 기념일, 캠핑, 중요한 자리	

산타에마 그랑 리제르바, 카베르네 소비뇽 (Santa Ema Gran Reserva, Cabernet Sauvignon)

산타에마는 1917년 이래로 칠레를 대표하는 최고의 테루아 마이포 밸리(Maipo Valley)에서 선구자 역할을 해 오고 있습니다. 마이포 밸리에서 최고의 와인들을 생산하며 많은 수상 실적을 기록했으며, 전 세계 와인 애호가들로부터 많은 사랑을 받고 있습니다. 그랑 리제르바 카베르네 소비뇽은 2017년 와인스펙테이터 탑100에서 27위의 성적을 기록한 프리미엄 레드 와인입니다.

종 류	레드		가 격	4만 원대
구매처	일반숍, 백화점, 체인형숍	활용처	파티, 선물, 기념일, 캠핑, 중요한 자리	

산타에마 엠플러스, 카베르네 소비뇽 (Santa Ema Amplus, Cabernet Sauvignon)

앰플러스 카베르네 소비뇽은 깊고 붉은 컬러에 우아하고 철학적인 와인입니다. 자두와 블루베리, 블랙베리의 강렬한 향에 육두구와 훈연의 느낌이 아주 잘 혼합되어 있으며 단단한 구조감을 받쳐주는 견고한 탄닌산, 오래 지속되는 마무리 등 마이포 알토(Maipo Alto)의 모든 특징을 가지고 있습니다. 특히 2013년 9월 청와대에서 열린 핵안보정삼회담에서 만찬주로 쓰였던 프리미엄급 레드 와인입니다.

종 류	레드	가 격	6만 원대
구매처	일반숍, 백화점, 체인형숍	활용처	파티, 선물, 기념일, 중요한 자리

✈ 수입사 : 샤프트레이딩 ☎ 02-725-7533

웬티 모닝포그 샤르도네 (Wente Livermore Valley Morning Fog Chardonnay)

저자가 1만 와인 시음을 하고 와인별로 추천 와인을 선정했을 때 당당히 1등을 한 와인입니다. 캘리포니아의 샤르도네 품종을 웬티 클론이라고 일컫는데, 바로 이 포도원의 조상들이 1800년대 말에 독일에서 와서 처음 심은 것이 시조가 됩니다. 최근에는 양조학을 배운 칼 웬티가 양조를 담당하면서 품질이 극적으로 향상되었습니다.

종 류	화이트	가 격	4만 원대
구매처	일반숍, 백화점	활용처	파티, 선물

잔느 가이아르 비오니에 (Jeanne Gaillard Viognier)

프랑스 북부 론 지역의 유명 양조자인 피에르 가이아르의 딸인 잔느 가이아르가 만들고 있는 와인입니다. 프랑스 북부의 대표적인 포도 품종은 시라라는 품종과 비오니에라는 품종 두 가지가 있는데, 산느 가이아르는 아버지와는 다른 스타일로 좀 디신선하면서도 마시기에 풍부한 캐릭터를 만들어내고 있습니다. 안정감 있는 산도와 기분 좋은 과실 향이 좋은 와인입니다.

종 류 화이트	가 격 7만 원대
구매처 일반숍, 백화점	활용처 파티

잔느 가이아르 시라 (Jeanne Gaillard Syrah)

피에르 가이아르의 딸 잔느 가이아르가 만드는 와인으로서 시라 품종을 사용합니다. 프랑스 북부 론 지역은 시라의 명산지로서 기분 좋은 블루베리와 체리 등 복합적인 캐릭터를 잘 보여주는 와인들이 많이 생산됩니다. 잔느 가이아르의 시라는 블루베리 계열의 터치와 함께 약간의 후추 향이 드러나며 기분 좋은 질감을 주는 와인입니다.

종 류 레드	가 격 5만 원대
구매처 일반숍, 백화점	활용처 파티

플로토 드 셴느 리락 블랑 (Pleateau de Chenes Lirac Blanc)

리락 지역은 좀 생소하게 들리겠지만, 아비뇽의 유수 이후 교황이 여름 별장을 만들어둔 샤퇴뇌프두파프라는 마을에서 서남쪽으로 위치한 곳입니다. 이 지역의 특징은 자갈과 매우 거친 땅을 갖고 있는데, 샤퇴뇌프두파프에 비해서 가격은 저렴하면서도 상당히 비슷한 캐릭터를 보여줍니다. 진하면서도 부드럽고 꿀맛을 보여주는 와인입니다.

종 류 화이트	가 격 7만 원대
구매처 일반숍, 백화점	활용처 파티

플레토 드 셴느 리락 루즈 (Pleateau de Chenes Lirac Rouge)

샤퇴뇌프두파프 지역의 서남쪽에 위치한 리락 지역은 고급 와인인 샤퇴뇌프두파프의 세컨 와인, 혹은 자식 와인 지역으로 보아도 될 정도로 비슷한 캐릭터를 보여줍니다. 섬세하면서도 깊이 있는 풍부한 과실 향, 풍성한 보디감 등이 와인 초심자들이 마시더라도 아주 멋진 경험을 할 수 있게 도와줍니다.

종 류 레드	가 격 7만 원대
구매처 일반숍, 백화점	활용처 -

발레 안디노 소비뇽 블랑 (Valle Andino Sauvignon Blanc)

처음 이 와인을 마셨을 때 산뜻하면서도 기분 좋은 산도와 함께 저렴한 가격에 매료되었습니다. 입안을 신선하게 채워주는 라임, 레몬 계열의 산도와 적절한 질감은 해산물이나 다양한 요리와도 매우 좋은 궁합을 보여줄 수 있습니다. 입안에서 무겁지 않으면서도 기분 좋은 캐릭터를 선사합니다.

종 류 화이트	가 격 2만 원대
구매처 일반숍, 백화점	활용처 파티, 캠핑

피에르 가이아르 생 조셉 루즈 (Pierre Gaillard Saint Joseph Rouge)

프랑스 북부 론 지역의 3대 명인중 한 명인 피에르 가이아르는 80년대 중반부터 와인을 생산했습니다. 여러 명주를 만드나 생 조셉이라는 마을은 상대적으로 서늘하여 신맛이 많이 드러나는 와인을 만듭니다. 가이아르는 이를 극복하여 보다 풍성하고 후추 향이 많으며 체리와 딸기 느낌이 더 많이 나는 훌륭한 와인을 만들어냈는데, 바로 그 와인입니다.

종 류 레드	가 격 9만 원대
구매처 일반숍, 백화점	활용처 선물, 기념일

피에르 가이아르 콩드리유 (Pierre Gaillard Condrieu)

프랑스 북부 론에는 60년대부터 한때 유명했다가 잊혀진 포도생산지인 콩드리유를 복구하기 시작했습니다. 지역적으로는 매우 협소하고, 재배 환경도 매우 험준하나 이 지역의 비오니에라는 포도는 놀랍도록 섬세하고도 깊이 있는 맛을 보여줍니다. 피에르 가이아르의 콩드리유는 신맛과 여러 맛의 균형을 매우 잘 잡았으며 꽃향기, 꿀 느낌을 잘 표현합니다.

종 류 화이트	가 격 18만 원대
구매처 일반숍, 백화점	활용처 선물, 기념일, 중요한 자리

도멘 두 콜롬비에르 크로제 에르미타주 루즈 (Domaine du Colombier Crozes-Hermitage Rouge)

에르미타주는 은둔자의 땅이라고도 합니다. 론 강을 끼고 있는데 산쪽으로는 에르미타주, 평지 쪽으로는 크로제 에르미타주라 부릅니다. 독일계 생산자가 만들어서 와인이 매우 깐깐합니다. 품질로 본다면 어지간한 에르미타주를 넘어설 정도로 놀라운 품질을 보여주는 와인입니다.

종 류 레드	가 격 8만 원대
구매처 일반숍, 백화점	활용처 선물

도멘 두 콜롬비에르 크로제 에르미타주 블랑 (Domaine du Colombier Crozes-Hermitage Blanc)

일반적으로 론 지역에서는 화이트를 만들 때 여러 품종을 섞는데 이 포도원은 마르산느라는 화이트 포도 하나만으로 이 와인을 만들었습니다. 색상이 약간 진한 꿀색을 하고 있으며, 맛 역시 단호박, 꿀 계열의 달콤함과 신맛의 조화가 잘 어우러진 와인입니다. 어지간한 고가의 와인에 비해서 훨씬 뛰어난 맛을 보여주는 와인입니다.

종 류 화이트	가 격 8만 원대
구매처 일반숍, 백화점	활용처 선물, 중요한 자리

르 따냐 드 필립 쿠리앙 (Le Tannat de Phillipe Courian)

매우 진한 색상을 갖고 있는 와인입니다. 프랑스 서남부에 있는 마디랑 지역 주변은 세상에서 가장 강한 포도 중 하나인 따냐라는 포도가 자랍니다. 짧게 숙성시키기 보다는 오래 숙성을 시켜서 아주 진하고도 깊은 풍미를 느껴보는 것이 좋은 와인입니다. 기본 10년에서 길게는 20~30년 숙성해도 너끈히 그 모습을 유지하는 와인입니다.

종 류 레드	가 격 11만 원대
구매처 일반숍, 백화점	활용처 기념일, 중요한 자리

네그레티 랑게 샤르도네 다다 (Negretti Langhe DOC Chardonnay Dada)

잘생긴 두 형제가 만드는 와인으로서, 이탈리아 북부 피에몬테라는 지역에서 만드는 와인입니다. 이 지역은 의외로 세계적인 품종인 샤르도네가 매우 잘 자라는데, 이 와인 역시 섬세하면서도 깊이 있는 아로마를 힘께 느껴볼 수 있습니다. 색싱도 밝고 맑으며 깊이감을 충분히 느낄 수 있습니다.

종　류 화이트　　　　　　　　　가　격 7만 원대

구매처 일반숍, 백화점　　　　　활용처 파티, 선물

게르겐티 그릴로 피노 그리지오
(Gergenti-Grillo& Pinot Grigio Sicilia IGT)

이탈리아 시칠리아는 오래전부터 와인의 명산지였습니다. 그릴로라는 포도도 그리스에서 유래된 고대 품종입니다. 이 품종과 신맛을 잘 드러내는 피노 그리지오를 섞어서 아주 마시기에 좋으면서도 질감이 부드러운 와인입니다. 누구나 쉽게 접근할 수 있으며 해산물 등과 특히 잘 어울립니다.

종　류 화이트　　　　　　　　　가　격 5만 원대

구매처 일반숍, 백화점　　　　　활용처 파티

아드리아노 그라쏘 바르베라 다스티
(Adriano Grasso-Barbera d'Asti DOCG)

2018년 이 와인을 처음 접했을 때, 너무나도 힘 있으면서도 체리와 과실이 가득찬 맛에 깜짝 놀랐던 경험이 있습니다. 본디 바르베라라는 포도는 거칠고 신맛이 강한 편에 속하는 와인인데, 이 와인은 전혀 그렇지 않고 달게 느껴질 정도의 체리와 과실향, 그 이외의 복합미를 가지고 있습니다. 2018년 올해의 와인 레드 부문에 선정할 정도로 그 품질을 인정받았습니다.

종　류 레드　　　　　　　　　　가　격 6만 원대

구매처 일반숍, 백화점　　　　　활용처 기념일, 중요한 자리

플랜타제넷 샤르도네 (Plantagenet Chardonnay)

호주는 워낙에 땅이 넓습니다. 그래서 서호주 지역은 시드니가 있는 동쪽과는 전혀 다른 와인 특성을 보여줍니다. 플렌타제넷 포도원은 서호주 지역에 있으며 기후가 서늘하여 신선하면서도 가볍고 리치, 사과, 배 같은 섬세한 과실류의 캐릭터를 보여주는 와인을 만들고 있습니다. 기품 있으면서도 즐겁게 마실 수 있는 와인입니다.

종　류 화이트　　　　　　　　　가　격 6만 원대

구매처 일반숍, 백화점　　　　　활용처 파티

아스키티코스 드라이 로제 (Askitikos Dry Rose)

그리스는 고대 와인들의 원산지입니다. 페르시아에서 시작된 포도는 그리스를 거쳐 지중해 연안으로 빠르게 퍼져 나아갔습니다. 그리스의 와인들은 주로 신맛이 아주 강한 편인데 이 와인의 경우에는 전혀 그렇지 않고 부드러우며 섬세한 느낌을 줍니다. 밝고 기분 좋은 체리, 딸기 계열의 맛을 보여주는 훌륭한 와인입니다.

종　류 로제　　　　　　　　　　가　격 3만 원대

구매처 일반숍, 백화점　　　　　활용처 파티, 캠핑

뮤리에타스 웰 더 휩 (Murietta's well the Whip)

미국 샤르도네 포도의 원조인 웬티에서 고급으로 만드는 와인입니다. 여러 가지 포도 품종을 해마다 바꾸어서 만드는데, 그 품종이 최소 4가지는 됩니다. 그만큼 다양한 포도들이 들어가다 보니 와인 전문가들이 평가하기에는 매우 까다롭지만, 여러 복합적인 열대 과실 향이 복합적으로 전달되며 균형감이 매우 좋은 와인입니다.

종 류 화이트 　　　　　　　 가 격 9만 원대

구매처 일반숍, 백화점 　　　　 활용처 선물, 기념일, 중요한 자리

샤토 드 보디유 샤퇴뇌프두파프 블랑
(Chateau de Vaudieu Chateauneuf du Pape Blanc)

플레토 드 쉔느를 만드는 가문이 바로 샤토 드 보디유인데 샤퇴뇌프두파프를 매우 잘 만드는 집입니다. 이 지역은 13가지 품종을 섞을 수 있지만 최근에는 섞는 종류가 줄어드는 추세입니다. 이 와인은 그르나슈 블랑이라는 포도를 바탕으로 여러 화이트 품종을 섞었습니다. 달콤한 느낌을 주면서도 안정감 있고 기분 좋은 산도를 주어서 균형감이 대단히 좋습니다.

종 류 화이트 　　　　　　　 가 격 14만 원대

구매처 일반숍, 백화점 　　　　 활용처 선물, 기념일, 중요한 자리

웅가가 알려주는

5분 와인

1판 1쇄 인쇄 2019년 12월 20일   **1판 1쇄 발행** 2019년 12월 26일

1판 4쇄 인쇄 2024년 12월 10일   **1판 4쇄 발행** 2024년 12월 20일

지 은 이	정휘웅·정하봉·홍수경
발 행 인	이미옥
발 행 처	J&jj
정 가	15,000원
등 록 일	2014년 5월 2일
등록번호	220-90-18139
주 소	(04997) 서울 광진구 능동로 281-1 5층 (군자동 1-4 고려빌딩)
전화번호	(02) 447-3157~8
팩스번호	(02) 447-3159

ISBN 979-11-86972-64-9 (13590)

J-19-09

Copyright ⓒ 2024 J&jj Publishing Co., Ltd